U0634421

如何说，孩子才肯听；
怎么听，孩子才会说。

# 儿童沟通心理学

李群锋◎著

苏州新闻出版集团
古吴轩出版社

**图书在版编目（CIP）数据**

儿童沟通心理学 / 李群锋著. -- 苏州：古吴轩出版社，2017.7（2023.10重印）
ISBN 978-7-5546-0955-2

Ⅰ．①儿… Ⅱ．①李… Ⅲ．①儿童心理学 Ⅳ．①B844.1

中国版本图书馆CIP数据核字（2017）第150678号


策　　划：沐　心
责任编辑：蒋丽华
见习编辑：薛　芳
装帧设计：润和佳艺


书　　名：**儿童沟通心理学**
著　　者：李群锋
出版发行：苏州新闻出版集团
　　　　　古吴轩出版社
　　　　　地址：苏州市八达街118号苏州新闻大厦30F
　　　　　电话：0512-65233679　　邮编：215123
出 版 人：王乐飞
印　　刷：唐山市铭诚印刷有限公司
开　　本：710mm×1000mm　　1/16
印　　张：15
字　　数：208千字
版　　次：2017年7月第1版
印　　次：2023年10月第7次印刷
书　　号：ISBN 978-7-5546-0955-2
定　　价：38.00元

如有印装质量问题，请与印刷厂联系。022-69236860

# 行为是"木"，心理是"林"，沟通是"森"

关于教养这件事，很多家长认为：孩子那么小，他们能懂什么？我说什么，他们听着就是了。但随着孩子渐渐长大，家长们就会发现他们不仅不像之前那么听话，而且身上的问题也越来越多。为什么会这样呢？其实，并不是孩子越长大问题越多，而是父母越来越多地关注孩子的行为表现而忽略了孩子的内心想法，更没有与孩子进行高效的沟通。

从某种程度上来说，孩子的行为可以看成是"木"，心理可以看成是"林"，而亲子沟通则可以看成是"森"。家长之所以会觉得孩子问题多，大多数是因为"只见树木，不见森林"的错误观念在作祟。家长只有发现孩子诸多行为背后的"心灵之钥"，才能打开通往亲子沟通那片"森林"的秘密通道。

事实表明，与孩子进行卓有成效的沟通并不是一件简单的事。有时候，父母苦口婆心地跟孩子讲一件重要的事情，却被孩子当成"耳旁风"；父母明明还没有说上两句话，孩子早已经心生厌烦。还有些时候，孩子在学习和生活中出现问题，向父母诉说时，父母不是心不在焉，就是火冒三丈，对孩子大加斥责，以至于孩子再也不愿向父母倾诉心声。这时候，掌握一些与孩子沟通的技巧成了父母心中最迫切的需求。

父母只有了解孩子的心理特征，找到与孩子最适合的沟通方式，才能使亲子沟通变得顺畅无阻。为了使父母能与孩子更好地沟通，本书从心理学的角度出发，列举了情感式、同理心式、正向式、引导式等多种沟通方式，并详细介绍了每种沟通方式的方法，帮助父母有效解决亲子沟通的难题，从而促进孩子的健康成长。比如：孩子情绪低落，父母可以用情感式沟通的方法，理解和接纳孩子的情绪和情感，让孩子感受到父母的爱和关怀；孩子固执己见，父母可以运用同理心式的沟通方法，站在孩子的角度来考虑问题，理解孩子的内心；孩子自卑怯懦，父母可以用正向式沟通法鼓励孩子，培养孩子的阳光心态；孩子天生叛逆，父母可以用引导式沟通法与孩子交流，引导孩子多谈谈自己的感受，或用诙谐幽默的方式让孩子意识到错误，并加以改正。

此外，针对诸如二胎、离异、早恋和死亡等家长难以启齿却又不能不与孩子交谈的特殊话题，本书专门用了一章的篇幅，为广大家长提供了一套与孩子沟通特殊问题的指导方法。相信通过阅读本书，家长们一定能够与孩子进行思想交换、情绪分享，从而把话说到孩子心里去，得到孩子的信任和尊重，成为亲子沟通的艺术家。

# 目录

第一章

高效的亲子沟通，源于
摸透孩子的心理

## 男孩与女孩心思的差异，你懂吗

男孩和女孩，无论是生理上还是心理上，都存在着极大的差异。面对同样的事情，比如放学时来接他（她）的人变成了姑姑，女孩也许会想：怎么是姑姑来接我了？爸爸妈妈是不是出什么事情了呀？他们为什么没有提前告诉我呢？难道他们不爱我了吗……而男孩也许只会想：哦？今天姑姑来接我了！看，这就是男孩与女孩思维方式的差异。针对男孩与女孩心思的差异，父母要分别采取不同的方式和孩子沟通。

阳阳和玥玥是一对龙凤胎，阳阳是哥哥，玥玥是妹妹。在外人看来，凤琴妈妈有一双可爱的儿女是多么幸福，多么令人羡慕，可只有凤琴妈妈才知道其中的滋味。

一天，妈妈接阳阳和玥玥放学回家，一进门玥玥就对妈妈说："妈妈，今天哥哥被老师罚站了。"

这时，妈妈才发现阳阳今天的情绪有些低落，于是问他："阳阳，今天怎么了？为什么被罚站呢？"

"没什么，一点小事。"阳阳并不想陈述事情的经过。

"妈妈，哥哥和别的同学打架了，是因为我才打的。"玥玥开口说，"下午课间活动时，我们班的同学都在活动区玩。然后我发现我旁边的小栅栏上有一根木棒松动了，就把它抽出来，当成木剑和姗姗玩。可是班里的另一个同学小柯非要来抢我的木剑，我不给他，但他硬是抢走了。我找哥哥来帮忙，本来是想让他帮我把木剑要回来，谁知道他却跟小柯打起架来了！最后，老师来了，就罚他和小柯在教室外站了20分钟。"

知道了事情原委的妈妈对阳阳和玥玥说："玥玥，看来这件事是因你而起的，那你有没有向老师说明情况呢？而且，活动区的栅栏怎么能说拔就拔呢？还有，在学校不像在家里，你出现问题了要学会自己解决，不能总找哥哥，知道吗？"

"嗯，这是我的不对，明天我就去和老师说清楚。"玥玥低着头，很无辜地说道。

"阳阳，你想帮玥玥要回木剑是对的，但是你为什么要用武力去解决问题呢？"

阳阳说："他不给我，我就只能动手了啊。"

"阳阳，有句古语叫作'君子动口不动手'，就是说古时候的君子遇到难以解决的问题，他们不会采用武力，而是用以理服人的方式来达到解决问题的目的。那你是不是应该和古人学习一下呢？"

"妈妈，我以后不会再给哥哥惹事了，那样他就不会和别人打架了。"玥玥抢先说道。

"反正都过去了，我什么也不想说了。"说完，阳阳背着书包进了自己的卧室。

阳阳离开后，玥玥又和妈妈说了很多当天在学校发生的事情。

从上面的案例中可以明显地看出，整段对话都是玥玥和妈妈撑起来的，而阳阳只说了三个小短句："没什么""没办法""不想说了"。为什么一奶同胞、年龄一样大的阳阳和玥玥会有这么大的差别呢？表面上来看，这是语言表述能力的差别，实际上则是由先天的生理基础决定的大脑发育的差别。科学研究表明，女孩大脑中负责处理复杂感情的区域更发达，而男孩的大脑中负责处理简单感情的区域更发达。也正因为如此，女孩通常会表现得更加善解人意。相反，男孩更容易在斗争中被激怒，表现得更加直接，他们经常会放弃口头表达而选择肢体动作来解决问题。

此外，女孩的大脑对语言的加工能力更为缜密，这也就是为什么女孩通常比男孩说话早，表达能力也比男孩好。而且，女孩的情绪波动值较大，很容易受到外界因素的影响。相对于女孩来说，男孩的语言处理能力要弱很多，大脑中情绪波动的频率和振幅也都比女孩小。所以，父母要针对男孩与女孩的这些先天差异，选择不同的沟通方式来和孩子交流。

### 1. 父亲要多和男孩沟通

很多父母仅凭本能就能够察觉到女儿的心思，但却很难理解儿子心中在想什么。说出来也许很可笑，在父母很难理解儿子正在想什么的时候，自己的儿子可能什么都没有想。同样的，当男孩真有心事的时候，他也不愿找别人倾诉，而是习惯靠自己来解决问题。这就很容易使父母错失与儿子谈心的机会。

在有男孩的家庭中，父母，尤其是父亲，要多和儿子沟通，多鼓励儿子。因为父亲与儿子的心思很相似，而且相比于女性，男性都是不善于表达的，所以，当父亲主动找儿子交流沟通时，男孩往往会向父亲敞开心扉。于是有人感叹：妈妈的十句话都抵不上爸爸的一句话管用，这就是爸爸的话语在孩子心中的分量有多重的表现。对于成长中的男孩来说，父亲鼓励的话能够引导男孩走出困境，还会使男孩对自己的未来充满信心。

## 2. 不要用质问的口吻和女儿交流

女孩子的心思柔软细腻，父母不要用质问的口吻和女儿交流。比如不要动不动就问孩子"为什么""谁让你""怎么又"等，因为这些话背后通常隐藏着指责和不耐烦。面对父母的质问，女孩子往往会感到委屈、害怕，有时候甚至会说出谎话以获取自身的安全感。

其实，父母引导孩子正向思考，用心平气和的语气、建设性的态度与孩子沟通交流，远比质问孩子的效果要好，而且还能把孩子培养成一个有教养的人。

## 听懂孩子的话外音，真正理解孩子的心

太多父母都有"孩子越长大越不好管"的困惑，而且还发现自己越来越不了解孩子内心的想法。于是有的父母就会趁着孩子不在的时候偷看孩子的日记，以至于练就出一批"聪明"的孩子，他们会在日记里写一些假话，专门留给有着"偷窥癖"的父母看。

那么，孩子每天都在想些什么呢？究竟是什么原因使得孩子与父母的隔阂越来越深呢？除了本身存在的年龄差距之外，社会阅历不同也会导致亲子间看待事物的方法不同，然而最主要的还是父母总是以自身的思维方式去猜测孩子，并未真正了解孩子的内心。这样一来，即使孩子向父母表达了自身的想法，父母也不一定能够真正理解。

宁远今年12岁，上小学五年级，平时学习不用功，成绩一直都在班里处于中下等水平。一天，宁远的舅舅来家里做客，大人们聊天时，突然谈起了宁远明年就要考初中的问题，便问："宁远，学习成绩怎么样啊？考上耀华中学有没有问题啊？"

宁远假装看电视看得入神，回避着舅舅的问话。

妈妈说："嘿，别说重点中学了，我就怕他连普通中学都考不上。成绩一直都在中下游，天天除了看电视就是玩游戏，哪知道学习啊？！"

　　"要是总是这样的成绩，考上好中学难度是挺大的！要不然像你大健哥一样，报一个篮球培训班，然后以体育生的渠道被海河中学提前录取，怎么样？有什么需要帮助的，就找你大健哥来帮你。"舅舅建议道。

　　宁远听后喜形于色，立即对妈妈说："妈，舅舅的提议不错，我看行！"

　　"你能行吗？你大健哥可是从小就爱好篮球的！"妈妈疑惑地问。

　　"有什么不行的？我可以抓紧练习啊！舅舅不也说了，可以让大健哥来帮我的嘛，而且我也挺喜欢打篮球的啊！上次体育课，我们班男生比赛投篮，我连中了六个球呢！"宁远得意地说。

　　妈妈见宁远下定了决心，就说等晚上爸爸回家和他商量一下。爸爸回来看到宁远这么兴高采烈地说着怎么三步上篮，怎么防守，而且还承诺说会好好学习文化课，就答应了宁远学篮球的事，还专门给他请了一位篮球教练。

　　于是，宁远一边上学，一边利用课余时间练习打篮球。两个多月后的一天，宁远突然对妈妈说："妈，我不想练篮球了，您看咱家的经济条件也不是多好，一直请教练得花多少钱啊，我看还是算了吧！"

　　妈妈听了宁远的话，一头雾水："这孩子当初那么信誓旦旦地说要打篮球，怎么这又不打了呢？"

　　每一个智力正常的孩子，他的行为都是有目的的，孩子的话没有傻话，生活中一些家长由于不了解孩子，或缺少耐心细致的观察分析，常会不知不觉中了孩子的"圈套"。案例中的宁远，他开始很乐意打篮球，可在练了两个多月的篮球后，突然决定"为家分忧"，不再打球了，果真是这样吗？并不是的！宁远的妈妈如果仔细倾听并分析宁远的话，就会明白：当初，他想要打篮球；是觉得自己学习不好，而通过体育生的方式就可以进入好的中学。可是在练习了两个多月后，他又发现，要想成为达标的体育生并不是件容易的事，于是他又退缩了。为了维护自己的面子，他就说替家里的经济状况着想，还是不练球了。其实，他的话外音是"我不想白白受苦"。

作为家长，我们不仅要听懂孩子话语的表面意思，同时还要学会听懂孩子的话外音，这样才能深入地了解孩子复杂的内心世界，有的放矢地引导和教育孩子。在和孩子说话的时候，如果发现孩子开始喜欢拐弯抹角，那么父母就要好好琢磨孩子的话外音了。只有读懂孩子的话外音，才能做到真正理解孩子的内心，从而使亲子沟通顺畅无阻。那么，父母应该怎样做，才能读懂孩子的话外音呢？

### 1. 了解话外音背后孩子的心理

天下没有不爱孩子的父母，只有不懂孩子的父母。现在有很多孩子都在抱怨父母不了解他们，不知道他们心里真正在想什么。其实，孩子都很渴望和父母倾诉心声，那么是什么原因导致孩子不愿开口说心里话呢？这就需要父母在自己的身上找一找原因。在孩子使用话外音时，你是否能感受到孩子的心情？例如不要小看有的孩子轻轻吹出的"牛皮"，其中就蕴含着话外音，比如好胜心理、炫耀心理等。父母只有听出话外音，才能准确把握孩子的心理，及时对孩子进行正确的引导。

### 2. 悉心分析孩子的话语

父母不仅要学会倾听孩子说话，还要懂得分析孩子的话语。每个孩子心里都有自己的小算盘，很多时候他们都不会直接说出自己是怎么想的。父母如果听不懂他们的话外音，那就很可能产生不必要的误解。下面这些孩子的话外音，你听懂了吗？

场景一：

孩子对爸爸说："爸您知道吗？步步高的学习机特别好用，不仅有名师专门讲解，而且所有的课程都是同步辅导的。"

爸爸："你那个优学派不是也有好多功能吗？"

场景二：

超市里，妈妈和明明推着购物车在购物。当走到玩具货架前，妈妈指着一款《赛尔号》的赛车问明明："明明，你不是最喜欢看《赛尔号》吗？要不要这个赛车？"

明明看着赛车，慢吞吞地说："价钱太贵了，不要了吧！"

场景三：

萱萱："妈妈，有个男生给我送礼物，我拒收了，您说我这样做对吗？"

妈妈："拒收就对了，学生就应该以学习为主，不要搞一些没用的！"

这些家长根本就没有意识到自己的孩子已经在使用话外音了，因为他们不知道：孩子说另一个品牌的学习机好用的目的是想换一台学习机；嘴上说赛车的价钱太贵，心里还是想要的；表面上是问你拒收礼物对不对，实际上是在问你面对喜欢自己的男生应该怎么办。所以说，同孩子谈话的技巧，有时候让我们这些做家长的不得不仔细揣摩。

## 孩子的反话，你正确解读了吗

好多孩子都喜欢说反话，比如他明明想吃某样东西，但没有洗手，你让他先去洗手，他就会不高兴地说他不想吃了。如果你跟他说你吃吧，那他会坚持说不吃。如果你再和他说那你别吃了，他又哭闹着说要吃。如此反复几次，即使脾气再好的家长也一样会抓狂。

爱说反话是孩子的一个成长阶段，几乎所有的孩子都有这样一个成长的过程。只是有的孩子比较明显，持续的时间也比较长，而有的孩子不明显，持续的时间也很短。孩子为什么喜欢说反话呢？面对孩子的反话，家长们又该如何应对呢？

妈妈去接第一天上幼儿园的甜甜，幼儿园的老师告诉妈妈："甜甜在午休的时候哭了。其他的小朋友都睡着了，就甜甜一个人说什么也不睡觉，一直哭，我们怎么劝都不行。孩子这是怎么了呢？"

听了老师的话，妈妈的心揪成一团，随即解释："也许是在家里太自由的缘故吧，不太适应学校里的时间规定。在甜甜睡觉的问题上，我们从来都是由着她来的，她什么时候想睡自然就睡了。"在和老师说完原因之后，妈妈又对甜甜进行了一场"说服教育"，甜甜也答应妈妈以后要好好睡觉。

第二天，甜甜出现了更糟糕的情况。老师对妈妈说在午睡之前没有给甜甜任何的压力，但在问她是想出去玩还是想午睡时，甜甜马上就哭了起来，一边哭一边说："我要午睡，我要午睡，我不要玩。"她的情绪特别激动。

妈妈知道是老师强迫甜甜在规定的时间里睡觉对她产生了严重的影响，并且甜甜平时在家午睡之前都会像电视中做玩具讲解的姐姐一样自言自语，在幼儿园她却没有这样的空间。于是妈妈和老师沟通了一下，并向甜甜保证："妈妈和老师说好了，不再让甜甜午睡了，把午睡的时间交给甜甜，让甜甜自由活动。"

但甜甜对妈妈的话将信将疑，说："我要睡觉，我听话！"

天不遂人愿，谁会想到周三那天换了值班老师，面对午休不睡觉的甜甜，老师关心地问道："你困不困？怎么不睡觉呢？要不要出去玩一会儿？"

甜甜听完就哭着说："我困，我要睡觉。"她顺势躺下让老师看着她睡。值班老师将甜甜安顿好了以后就向园长询问了情况，园长马上到休息室抱出了正在偷偷哭泣的甜甜，并对她说可以按照妈妈的嘱咐，不在幼儿园里午睡。甜甜这才解开心结，开开心心地度过了一个下午。

孩子为什么会说反话？为什么不直接表达自己的想法呢？我想这是困扰很多家长的一个问题。从上述案例中，我们可以看出甜甜是一个不想在幼儿园午睡的孩子，然而她却违背她的本意说出了相反的话。这反映出幼儿的一个心理问题：当孩子的想法没有被别人理解，没有被人执行的时候，他们就会掩盖自己真实的想法，用虚假的信息来保护自己。

由于孩子的思维方式和逻辑推理能力都处在成长期，他们会按照自己的方式来思考和推理问题，以自我为中心。在一些孩子看来很重要的事情上，父母必须完全遵从他们的想法。如果大人反复询问或是给出更多的选择，孩子就会感到困扰，认为你没有认同他们的想法，你拒绝了他们，从而产生一种严重的心理负担。与此同时还会产生自信力的破坏，同时孩子也会认为他人都是不可信的，严重的还会出现焦躁易怒的心理问题。

其实，所有的反话背后都隐含着孩子渴望被肯定的需求。身为父母，我们一定要了解孩子的内心，明白孩子的感受。一定要关注孩子，倾听孩子，解读孩子反话背后真正想要表达的信息。下面的方法可以教你正确应对爱说反话的孩子。

### 1. 解读孩子的心理，及时肯定或否定孩子的需求

父母在和孩子沟通的过程中，要先学会解读孩子的心理。如果是面对缺乏别人理解、渴望被人肯定的孩子，家长要耐心地倾听孩子的话语，仔细观察孩子的情绪，以一颗平等而包容的心对待孩子，给予孩子想要获得的爱。如果面对的是调皮捣蛋、专门说反话且与你对着干的孩子，父母一定要小心行事，一定不能放任自流。遇到孩子出现这样的情况，最关键的是不要纠正他，否则会提高孩子说反话的频率。此外，要不动声色地观察他，假装忽视他的反话，使他渐渐明白说反话是得不到父母的回应的，这样，他自然就会减少说反话的次数了。

### 2. 父母先要管好自己，不要让说反话成为自己的习惯

很多父母了解一些儿童心理学的知识，知道孩子在进入叛逆期以后就会表现出争强好胜和逆反的心理，然后便针对这一点对孩子进行教导，屡试不爽，久而久之便成了习惯。

例如，孩子说不想吃饭，有的家长会说："不吃就不吃吧，我还省了好多粮食呢！"

　　孩子不好好做数学题，有的家长会说："下次数学测验一定及不了格，能考50分就不错了！"

　　孩子遇见烦心事哭闹的时候，有的家长会说："哭吧哭吧，让你哭个够！"

　　……

　　这样的反话着实能起到激将的作用，但家长一定不要忘记孩子是很容易受到父母说话方式的影响的。所以，家长要尽量正常话正常说，多与孩子进行面对面交流，做到彼此坦诚相待，这样孩子也就不会再用说反话的方式来考验父母了。

# 透过眼神，读懂孩子的内心

我们知道，眼睛是心灵的窗户，眼神是心灵语言的传达工具。对于儿童来说也同样如此。德国著名心理学家梅赛因曾说，"眼睛是了解一个孩子的最好的工具"。因为小孩子的大脑还没有发育完全，认知能力与表达能力都有所欠缺，所以眼神是他们表达内心的直接方式，而且孩子眼神中所流露出的细微的感情往往比口头言语和肢体语言更能传达出准确的信息。为了加强与孩子的沟通，父母首先应该学会透过孩子的眼神读懂他们的内心。

### 1. 期盼的眼神：我需要你的帮助

孩子站在你面前，拉着你的衣角，用期盼的眼神看着你，这说明他需要帮助。这时，你要耐心地询问他发生了什么事情，是否需要你的帮助，以平和的心态引导孩子主动向你说出他心中的想法。

### 2. 低头不语：我知道自己做错了

孩子低着头，眼皮下垂，眼睛只注视着下方，不敢抬头直视父母的眼睛，这就说明孩子意识到自己的行为是错误的，却羞于开口说明，只能用怯生生的、失落的眼神来进行自我反省。这时父母要做的不是批评、嘲讽和斥责，而是安抚孩子，教导他做错了事情不要紧，最重要的是勇于承认错误，并争取以后不再犯类似的错误。

### 3. 游离不定：我不想听你的话

孩子的眼神游离不定，注意力不在你的话上，这说明孩子对你所说的话题不感兴趣，或者在他心里有更要紧的事情。如果孩子长期出现这种情况，那就需要考虑孩子是否有自闭症的倾向。因为患有自闭症的儿童会本能地忽略他人的眼神，而不是故意避免与他人进行眼神交流。面对眼神长期游离不定的孩子，父母一定要及时带孩子去相关医疗机构进行治疗。

### 4. 仇视：我对你很生气

孩子用仇视的眼神望着你，这说明他心里对你的做法是极为不满的，他很生气。作为父母，一定要理解孩子，处于叛逆期或是青春期的孩子很容易会对周围的事物感到不满。父母要根据实际情况，给予孩子相应的回应。

### 5. 刻意回避：有难言之隐

孩子有意地回避父母的眼神，漫无目的地看向别处，不愿意让父母看到自己的眼神，这就说明孩子有心事，而且不想让父母知道自己的心事。这时的他是很忧郁的，父母不要对他"打破砂锅问到底"，多给孩子一些空间也是好的。

### 6. 边微笑边眨眼：我有一个小秘密

孩子朝着你一边微笑一边眨眼睛，这表明孩子心里有个小秘密，也许是对某个人有好感，也许是对某个事物感兴趣，总之他正因为你还不了解他的心思而感到欣喜。

### 7. 眼珠子往上一转：让我想一想

孩子眼珠子往上移动，这说明他要表达的意思很可能是："等一下，让我想一想！"这时候，父母不要着急，因为很快就会有一个好办法从孩子那里诞生了。

### 8. 眼神空洞：我累了；我已经知道了

孩子的视线不集中，眼神空洞，这往往表明孩子觉得有些累了，需要休息，或者是已经得知某件事情的真相，他觉得难过、失望。

### 9. 突然间睁大眼睛：我很惊讶；我很疑惑；我很恐惧

当孩子突然把眼睛睁得很大的时候，有以下三种可能：

其一，表明孩子看到了令他感到惊奇的事，睁大的眼睛就好比一声"哇哦"的感叹一样。

其二，表明孩子很疑惑，他用睁大的眼睛来问"为什么"。

其三，表明孩子感到恐惧，他通过睁大眼睛来说"啊，好可怕啊"。

此外，要特别提醒一点，如果孩子除了不与谈话人进行眼神交流的情况之外，同时还伴有不愿意和他人说话，只喜欢一个人玩玩具，害怕与人进行身体接触，动作刻板等特征，那家长就要注意孩子是否具有自闭的倾向了。

总之，只要父母用心观察孩子的眼神，就不难读懂孩子的内心世界。只有读懂孩子的内心世界，了解孩子的心理，父母才能更好地实现亲子间的双向沟通，从而与孩子建立起温馨、默契的亲子关系。

## 孩子小动作背后的秘密

都说孩子有一百种语言，而肢体语言就是其中之一。正如歌词"爸爸妈妈，如果你们爱我，就多多的陪陪我；如果你们爱我，就多多的亲亲我；如果你们爱我，就多多的夸夸我；如果你们爱我，就多多的抱抱我"所传达的一样，爱意并不一定非要用语言来表达，抱抱、亲亲、陪陪都是孩子喜欢的沟通方式。

美国语言学家艾伯特·梅瑞宾提出过一个著名的沟通公式：沟通的总效果=7%的语言+38%的音调+55%的面部表情。通过这个公式我们能看出非语言信息的重要性，也就是说，人与人之间的沟通，只有7%是通过语言来实现的，而剩下的93%都是通过非语言来实现的。而对于还未掌握语言的孩子和语言发育还未成熟的孩子来说，沟通则全部是由非语言的形式来实现的。通常，非语言的沟通形式主要指的是面部表情的变化和肢体语言。

对家长来说，通过孩子的肢体语言来解读其心意这件事还是有一定难度的，很多时候，家长们并不能读懂孩子的肢体语言，甚至解读的意思与孩子的真实心思相差甚远。所以，家长一定要心细一点，用心去发现孩子肢体语言所代表的小秘密。

### 1. 张开双臂：我需要一个温暖的怀抱

拥抱是孩子渴求得到他人的关心和抚慰的最强烈的讯号。随着婴幼儿年龄的增长，他们的人际交往欲望会越来越强烈，因此他们会用肢体语言来表达。比如，当他们看见亲人或者喜欢的人时，就会张开双臂扑到对方的怀里，以表示欢迎和喜爱。

还有，当孩子面临恐惧或委屈的时候，也会做出张开双臂的动作，这是在寻找被爱和关怀的情感需求。因此，当孩子张开双臂扑向你时，你应该立刻满足孩子的情感需求。

### 2. 把手臂藏到身后：我不想和你亲近

子萱是一个特别热情的孩子，每次家族聚会上都会和所有的家庭成员问好、拥抱。但是这一次，子萱遇到了第一次来到家里的小姑夫。小姑夫特意蹲下来准备迎接她的拥抱，可子萱却下意识地将手臂藏到身后，并躲开了小姑夫，弄得小姑夫和家里人都挺尴尬的。

显然，子萱认生了，小姑夫是陌生人，这对她产生了威胁，所以她本能地躲开了。

除此以外，孩子不回应对方的肢体语言的方式，还有立刻转身，或侧身，或背对。当孩子出现对正在相处的人不满的状况时，就会把身体偏向一边，仿佛是在说："哼，我不喜欢你了！"

比如，当你在忙家务或者忙工作的时候，孩子突然跑来想让你和他一起玩，你跟他讲道理，说你正在忙的事情很重要，这时他便会侧过身体，或者背对着你，表示"你不愿意陪我，我被拒绝了，我很难过"。

### 3. 伸展四肢：我不想听你的话

将四肢完全伸展开来，这是孩子感觉到舒适的信号。往往，婴幼儿在熟睡时都会将四肢完全展开，躺在小床上的形象就像是一个"大"字，这代表这样的心声：我很放松，这一片都是我的领地。但对于年龄稍长一点的孩子来讲，将四肢伸展开来则是一种对抗的表现。

墨轩是一名小学二年级的孩子，不爱学习，沉迷于网络游戏。被爸妈教训时，墨轩一脸的不在乎，坐在沙发上伸展着四肢，开启了无声对抗的模式。孩子的这种行为代表着：我不想听你的话，我就是不爱学习，就是爱玩游戏。这时候，伸展四肢就成了霸道无理的表现，是对父母的一种抗议。各位家长要注意孩子的这种表现，以免孩子养成不良的习惯而影响日后的发展。

### 4. 活跃的脚部动作：我的心里有想法

足尖的动作也透露着一个人的内心想法。对小孩子来说也是一样。比如，孩子的上半身在书桌前好好地写着作业，跷着的二郎腿却一直朝着门口的方向，这就代表他想出门去玩。在和家长谈话的过程中，孩子的脚尖朝着门口的方向，则表示他对你们的谈话不感兴趣，他想要离开。此外，谈话过程中，就算孩子与你平静地对视，双脚也是自然摆放的，但是脚部的动作却异常活跃，这也泄露了他不安分的心理状况，也许是焦躁，也许是紧张，总之他的心思没在谈话上。

孩子的肢体语言蕴含着诸多秘密，父母只有破译孩子的肢体语言背后潜藏的密码，才能真正走进孩子的内心，了解孩子的感受和需求，从而实现亲子间的顺畅沟通。

# 了解孩子抗拒学习的心理之谜

现在有一个令很多家长都头疼的问题，那就是，孩子非常抗拒学习，有很严重的厌学情绪，不管是给他物质奖励，还是进行言语上的训斥，都不管用。究竟应该用什么办法才能够改变孩子的厌学情绪呢？

的确，在当今社会，有不少孩子都不喜欢读书、上课和做作业，甚至优等生也不例外。这是什么原因造成的呢？要想改变孩子的厌学情绪，我们只有了解孩子的心理，才能发现孩子厌学情绪背后的真正原因。在找到最根本的原因之后，才能对症下药，从而使孩子轻松快乐地学习。

下面，让我们来看一下孩子抗拒学习的原因。

## 1. 注意缺陷多动障碍

注意缺陷多动障碍（在我国称为多动症），是一种在儿童期很常见的精神失调，多发于3~5岁的儿童，具体表现为注意力不集中和极易冲动。

所以，许多年幼的孩子在学习时注意力不集中，并不是他不想集中注意力，而是他自身根本无法集中注意力。而有的家长在不了解孩子身心特征的情况下，强行要求孩子进行较长时间的阅读或是做一些比较复杂的计算题，这种"拔苗助长"的方式不仅不利于孩子的学习进步，而且会增加孩子的学习压力。久而久之，家长看到的情况就是，孩子不愿学习，总是搞小动作，于是家长给孩子贴上"厌学"的标签。

实际上，有注意缺陷多动障碍的孩子在较枯燥的环境下，脑神经往往是不能分泌和吸收多巴胺的，而无法分泌多巴胺正是他们无法集中注意力学习的主要原因。

### 2. 感觉不到学习的乐趣

现在，有很多孩子都认为学习是无聊的，上学读书和放学做作业都是无趣的。因为在学校除了上课就是考试，在家里除了做老师布置的作业外，还要读家长给准备的课外读物。其实，只要是健康的孩子，每一个人的学习能力都是没问题的，看看他们在下课后彼此间谈得热火朝天，聊去过的地方，谈最近播放的动漫，再看看他们放学后打游戏时是多么专注，和父母顶嘴也能说得一套一套的。所以说，孩子的学习能力是很强的，只是他们没有将其用在学习上而已。

乐趣会使大脑中释放出脑内啡，能给人带来愉快的感觉，小孩子更容易被乐趣驱使，让自己不断去重复这种经验，从而得到源源不断的快乐。但是学习切断了大部分孩子获得乐趣的渠道，使得他们感觉不到快乐。如果家长和老师不想办法给孩子增添乐趣，而是通过指责和惩罚等方式来强迫孩子学习，那孩子便会开启"痛苦——恐惧——抗拒"的模式，对学习产生越来越强烈的抵触心理。

### 3. 家庭教育的偏颇

很多孩子都有这样的想法：父母不在乎我的学习，只在乎我的成绩。的确，有些家长为了赚钱养家，长时间在外奔波，从而忽视了对子女的教育。这些家长只是满足了孩子在物质方面的需求，而且还会用物质上的付出来要求孩子用对等的学习成绩进行回报。孩子在学习上没有父母的陪伴，也得不到父母在情感上的关怀，自然就会缺乏学习的动力，学习的体验也不快乐，这就容易造成孩子的厌学情绪。

父母这样的做法无异于用金钱来绑架孩子。孩子成绩好时，父母便和颜悦色；一旦孩子的成绩下降，父母便像变了一个人。事实上，学习成绩并不是衡量孩子能力的唯一标准。因此，为了让孩子未来发展得更好，家长们不能只看重孩子的学习成绩，而是要懂得发现孩子身上的各项能力。重要的是父母要用心陪伴孩子，让孩子在学习的过程中体会到父母的关爱。

### 4. 对学习的目的定位有偏差

有个12岁的孩子抱怨学习没用，他说："学习有什么用？比尔·盖茨都没毕业，不是照样很成功？所以上学有什么用？好好学习又有什么用？"

从这个孩子的话语中，我们可以看出他其实是一个渴望成功的人。他之所以会持"学习无用论"这样的观点，是因为他觉得学习并不能使他成功，而不学习未必就不成功，而且成功的概率可能比上学后获得成功的概率更大（从他举的例子中可以看得出来）。

拥有这种想法的孩子对学习的价值观是模糊的，他认为学习应该是通向成功的最佳途径，只要没有获得成功，那么上学就是没用的。孩子的这种想法很可能是受到父母功利心潜移默化的影响。父母在无形中强调成功的重要性，这样一来，孩子就会对学习产生压力，而不是推动力，从而产生厌学心理。

总的来说，孩子厌学的原因多种多样，每个阶段的孩子都有每个阶段的特点。同样的，每一个孩子都有他独有的特征。在孩子的学习、生活中，父母要和孩子多沟通，多去倾听、观察和发现导致孩子对学习产生抗拒心理的原因。

现在，有很多家长已经意识到与孩子沟通的重要性，可是沟通的目的太明显，仍旧是学习。但孩子的生活不仅仅是学习，他们和我们一样拥有着精彩的世界，他们有感兴趣的事，也有小烦恼。家长完全可以在兴趣爱好、结交朋友等方面与孩子进行交流。有的家长认为这样会耽误孩子的学习，其实并非如此。相反的，孩子在这些方面得到了父母的关怀，会让他们在学习体验上产生更高的热情，从而促进他们学习进步与自身成长。

第二章

沟通三步骤"一停二看三听"，
你做到了吗

# 用肢体语言告诉孩子你的关注

　　语言分为有声语言和无声语言，所谓无声语言就是指我们的肢体语言，即在交际中用肢体态势来传递信息、表达感情、表示态度的非有声语言。研究表明，人们在进行交流时，约百分之九十的讯息都是通过非有声语言来传达的，也就是用肢体语言来传达的。肢体语言既能支持或否定他人的语言、行为，又可以代替有声语言，发挥独立的表达功能，同时还能传达出有声语言难以表达的情感和态度。

　　在亲子沟通中，父母不仅仅要讲究语言方面的技巧，还要充分发挥肢体语言的作用，因为孩子能从你的动作中，了解你是否真的在意他。有些情况下，使用肢体语言与孩子交流能够取得比语言沟通更好的效果。

## 1. 一个眼神，告诉孩子该怎么做

　　"眼睛是心灵的窗户"，眼神能够传达丰富的思想感情。作为家长，我们一定要善于使用眼神"说话"，让亲子沟通不局限于语言上的交流。

　　浩然自从断了奶以后就经常出现咬嘴唇的情况，不管爸爸妈妈怎么提醒，浩然就是改不了。为此，爸爸妈妈还咨询过医生，医生建议家长多给孩子一些关爱，可以陪孩子做一些令他感兴趣的事情，转移他的注意力。于是，爸爸决定每天晚上都陪浩然读故事书。

晚饭过后，爸爸给浩然读起了他最喜欢的《小猪佩奇的故事》，读着读着，爸爸发现浩然又在用上齿咬着下嘴唇。

这时，爸爸停了下来，并没有像往常一样说"浩然干吗呢？又咬嘴唇！别咬了"，而是用眼睛盯着浩然的嘴唇看。

很快，浩然意识到了爸爸眼神的注视，便松开了牙齿。

爸爸的一个眼神，让浩然接收到不能再咬嘴唇的讯号，可见，眼神交流的作用是不容忽视的。通过眼神交流对孩子进行教育，可以促进孩子进行自我认识和自我反省，从而达到教育的目的。但是要注意眼神交流的使用技巧，过多的注视和冷峻的目光都会给孩子造成压迫感，这样不仅无法让孩子改掉坏习惯，还会导致恶习更加严重。

## 2. 巧用面部表情，胜过大声说教

在使用肢体语言与孩子进行沟通时，面部表情的变化也是其中重要的一项。面部表情具有普遍的意义，人们可以通过面部表情表达赞许、厌烦、同意、否定等多种信息。所以，根据孩子出现的问题，恰当、适时地运用面部表情的变化，把你的关注、理解、共情传达给孩子，是很好的亲子沟通方式。

研究发现，面部表情是比眼神更有力的"言语"。当你双眉紧皱时，孩子会察觉到你的情绪，并感知到你马上就要发怒了。这时，孩子便会停止自己的不良行为。

### 3. 放松的身体姿态，让孩子感到轻松

在使用肢体语言与孩子进行沟通时，正确的身体姿势也很关键。身体姿势可以表达惊奇、苦恼、愤怒、焦虑、快乐等多种情绪。你的体态、坐姿，都会在有意无意之中影响孩子。采用合适的身姿，表明你在用心倾听孩子，孩子也会感受到你的在乎。

安然刚升入小学一年级，面对比幼儿园繁重、困难的作业总是一副忧心忡忡的样子。一天晚上，快到九点时，妈妈见安然还没有熄灯睡觉，便去安然的房间催促她，竟发现安然趴在写字桌上哭了起来。

这时候，妈妈没有立即询问安然的作业情况，而是找来一把椅子，和安然同坐在写字桌前。妈妈摸着安然的头说："安然，不要急，有句古语这么说：'眼是懒蛋，手是好汉。'你不要总看着作业多，只要你一点一点地写，很快就写完了。"说完，妈妈也将手放在写字桌上，就好像是安然班里的同学一样，安安静静地陪在安然的身边。

安然慢慢地不哭了，她感受到了妈妈的爱和陪伴，于是又有了继续写下去的动力。

需要说明的是，肢体语言的交流与言语交流各有其作用，在与孩子沟通时，往往是相互依存和补充的关系。同时，家长们还要注意保持肢体语言与有声语言的一致性。否则会让孩子感到更加困惑。比如你嘴上说"我很关心、很在乎你"，身子却坐在沙发上，跷着二郎腿，目不转睛地看着电视剧，这样的举动能让孩子感受你的关爱吗？事实证明，当肢体语言与有声语言产生矛盾时，孩子更倾向于相信你的肢体语言。

# 想让孩子畅所欲言，环境是关键

生活中，有很多孩子在家里面能说会道，可一到陌生的环境就会变成安静的"小美男子""小美人儿"。为什么会出现这种情况呢？这是环境改变所导致的。当孩子对外界的环境心怀警惕的时候，就不愿再开口说话了。试想，如果是在特别严肃的会议中，作为大人的我们不是同样不想说话吗？因此，就像大人间敞开心扉畅谈需要有轻松愉悦的环境一样，想让孩子畅所欲言，同样需要创设轻松愉悦的沟通环境。

嘉程说话吐字不清。别说外人，有时候就连父母也听不懂他说的话。

一次，嘉程看到喜欢的动画片，模仿着其中的卡通人物又蹦又跳了大半天。然后他跑到妈妈身边，对妈妈说："妈妈，我好'饿'（实际想表达的是'热'）。"

妈妈说："咱们马上就吃饭了，再等一下吧！"

嘉程又说："我不饿，我'饿'（也是'热'）了！"

"你是饿了想吃东西呢？还是热了想凉快一下呢？"

"想凉快一下！"

　　"哦，原来是热了呀！"妈妈终于明白了嘉程的意思，然后给嘉程换了一件薄一点的衣服。

　　嘉程调皮地说："饿饿饿，热热热（说得不太好，还是有点像'饿'），妈妈分不清我是在说'饿'还是'热'。"

　　妈妈被嘉程逗笑了："哈哈哈，嘉程还会编顺口溜了！"

　　有一天，家里来了客人，饭桌上，大人们谈笑风生，嘉程突然想到在幼儿园发生的趣事，因而打断大人们的谈话："别说了，别说了，大家都听我说……"嘉程兴高采烈地讲述自己在幼儿园发生的事情，大人们则是越听越没耐心。舅舅侧着头对妈妈说："嘉程叽里咕噜地说了半天，到底说的是什么呀？我都不知道他在说什么！"

　　小姨说："哈哈，我也听不出来他叽里呱啦说的是什么！"

　　听到舅舅和小姨的话，嘉程的脸"唰"地红了，他立刻停下，也没有对大家解释，只说了句"我吃饱了"，就伤心地离开了饭桌。

　　自那以后，活泼的嘉程变得少言寡语，再也不愿意当众讲话了。

　　嘉程说话有点不清楚，但这丝毫不影响他表达自己的想法，说出心中的感受，甚至还可以和妈妈说绕口令。这是因为妈妈一直认真地倾听嘉程说话，并对他的话及时做出回应，这让嘉程感受到妈妈的关注和爱，让他感受到自在放松，所以有不断说下去的欲望。而在客人聚会上，嘉程的"慷慨陈词"却换来了舅舅和小姨的"听不懂"，嘉程的心理承受能力差，自然会难过，不愿意说下去了。对比可知，在与孩子沟通的过程中，要想让孩子畅所欲言，父母就要为孩子创设一个和谐愉悦的环境氛围。在这样的环境下，孩子没有压力，自然愿意说出心里的话。

　　其实，年幼的孩子说话吐字不清晰是构音器官发育不良引起的，父母们不必过于担心，随着孩子年龄的增长，这种状况自然会得到改善。亲子沟通中，最主要的不是孩子表达得有多清晰、多彻底，而是父母认真倾听孩子说话的态度。而且，父母仅仅做孩子的倾听者是不够的，还要做鼓励孩子说话的促进者，设法提供给孩子表达自己想法的机会，引导孩子畅所欲言。

那么，父母应该怎样做，才能与沉默不语的孩子进行积极沟通呢？

### 1. 不打断孩子，让孩子把话说完

很多时候，孩子刚开始说话，父母就急着表达自己与其不同的观点，强行打断孩子的话，根本不让孩子把话说完。还有的时候，孩子明明在说一件事情，父母却不以为然地说一件与孩子正在说的毫无关系的事情，这些都是不尊重孩子的表现。最重要的是，这样的行为会打断孩子的思维，还会影响孩子的语言组织能力。

此外，很多父母因为孩子说话说得太慢、太啰唆，就替孩子说出他想说的话。其实，这样的方式不利于孩子语言能力的发展。最好的办法是，在孩子说话时，父母保持安静倾听的姿态，适时给予孩子一定的回应，鼓励孩子把自己想说的话说完。

### 2. 给孩子表达自己意见的机会

目前，仍有很多父母会对孩子说出"大人说话，小孩子不要插嘴""你一个小孩子能懂什么"这样的话。殊不知，父母轻而易举就说出类似的话，会对孩子的心灵造成很大的伤害。孩子的内心世界并不像大人那样成熟，但孩子也有自己的感受和独到的见解。不要说小孩子，就连襁褓中的婴儿都有表达自己情绪（害怕、难过、幸福）的能力。

因此，要想让孩子畅所欲言，父母就要避免"一言堂"，把说话的权利交给孩子，让孩子自由地表达自己的意见和建议。

# 家长要提升主动倾听的意识

如何才能与自己的孩子畅通无阻地沟通交流，是每位家长都热切关注的问题，也是当今社会环境下一个很棘手的问题。在这里，需要各位家长注意的是，亲子之间的沟通障碍在很大程度上都来自于倾听的缺失。所以，在与孩子沟通时，家长首先要做的是调整好自己的心态，提升主动倾听的意识。

也许有的家长会说，孩子每天都会在身边像只小蜜蜂一样"嗡嗡嗡"地讲个不停，而自己又有忙不完的工作、做不完的家务，哪有那么多的精力与时间去听孩子讲话呢？其实反过来想，既然事情总是忙不完，何不停下忙碌的脚步，听听孩子都讲了些什么呢？何况，随着孩子年龄的增长，他们自己要做的事情也会越来越多，能够和家长沟通交流的时间却越来越少。等家长真正空闲下来的时候，又有几个孩子能够空出时间时刻在家长身边讲说不完的话呢？因此，趁着孩子还愿意也有时间在身边说话，家长们为何不放下心中所谓重要的事情，主动倾听孩子的所思所想呢？

周五晚上，彦廷问爸爸："爸爸，你明天要干什么呀？"明天虽然是休息日，但是彦廷爸爸要和一位同事一起去综合市场进行新设备采购。"爸爸明天不能休息，还要出去办点事情，彦廷是不是有什么事情需要爸爸陪你？"爸爸揣摩着彦廷的心思，问道。

"哦，这样啊！都放假了还不能休息，那你要去做什么事啊？要做多久啊？"彦廷一边抱怨，一边询问。

爸爸一听彦廷这样说，本能的反应是"你管那么多干什么"，但还是忍住了，耐心向彦廷解释："爸爸要和同事一起去采购新的设备，最早也要下午才能回来。彦廷，爸爸猜你想要和爸爸一起做些什么，对不对？"

"嗯，对呀，可是你不能陪我了！"彦廷嘟着小嘴说。

爸爸很能理解彦廷的心情，一下把彦廷抱在了怀里，对他说："你说出来听听，你要知道，无论做什么，爸爸都愿意陪你。"

"我想让爸爸陪我到郊外放风筝，而且，放学时我和嘉豪说好了，我和他说你一定会带我们去的。可是你却不能带我们去了，我要怎么和嘉豪说？多没面子啊！我怕嘉豪会说我是一个说话不算话的人……"彦廷一口气说了好多话。

爸爸认真地倾听着，等彦廷说完，爸爸说："彦廷不用担心，你去找嘉豪，告诉他明天爸爸有事情，咱们后天去放风筝，相信嘉豪一定会理解你的。"听爸爸这么说，彦廷不再抱怨，开开心心地去找嘉豪了。

主动倾听的姿态是成功沟通的一半，学会主动倾听，有助于父母了解孩子，尤其是了解孩子内心的感觉和情绪。彦廷的爸爸在与彦廷交流的过程中，总是鼓励彦廷多说出自己的想法，然后认真倾听。在这个过程中，彦廷感受到了爸爸的尊重和爱，便把心中的想法一股脑地说了出来。同样的事情，如果放在不懂得主动倾听的家长面前，便会出现以下的对话：

孩子："爸爸，你明天要干什么呀？"

家长："我得出去办点事。"

孩子："你要办什么事？要办多久啊？"

家长："小孩子管那么多干什么！"

孩子："谁要管你了！我才懒得理你！"

······

我想让爸爸妈妈陪我去户外玩，可是你们却不能带我去，好伤心。

　　本来好好的事情，最后却不愉快地收场。由此便可看出，亲子沟通成功的关键是父母要懂得主动倾听孩子的心声。主动倾听能够促进亲子之间形成一种更亲密、更默契的关系，有助于促进亲子之间的沟通。父母的倾听会使孩子感受到自我存在的价值，产生被理解的满足感，从而愿意主动与父母进行沟通交流。

　　主动倾听能使父母更加准确地理解孩子所表达的意思，更好地帮助孩子理解自己的情感，理解情感产生的原因，避免自卑情绪的产生。此外，还能引导孩子分析和解决自己的问题，把解决问题的权利还给孩子，进一步培养孩子独立解决问题的能力。

主动倾听能使孩子更加愿意听父母的话。因为当父母在倾听孩子说话时，孩子能明显地感觉到自己的观点、看法和情感正在被父母理解，而不是曲解，他们就会有一种被尊重的满足感。这样，父母给予的观点、看法和建议也就很容易被孩子接受。我们经常说尊重是相互的，试想如果一位家长从来不愿意听他的孩子表达自己的意见和主张，那么他的孩子又如何会听他的话呢？即使表面上接受了，孩子的内心也是抗拒的。

## 倾听时，要认识并接纳孩子的情绪

生活中，不单单是成人，小孩子也有许多烦心事。身为父母，你有没有耐心地倾听过孩子的倾诉？当面对孩子的问题和烦恼时，你是什么样的态度？是质问、说教还是责骂？只要你一出现这样的态度，你的孩子就会意识到你是不理解他的，自然而然地，他会逐渐隐藏起自己的情绪，不再和你说起。

殊不知，在成人眼中不值得一提的小事，也许就是孩子幼小心灵中惊天动地的大事。例如：一个孩子参加学校组织的演讲比赛没有获奖，爸爸妈妈觉得没获奖就没获奖，参加比赛有了比赛的经验就很好。但是对于孩子来说，没有给班集体争光，是一件很丢脸的事情，会使他产生严重的挫败感。在这种情况下，父母如果没有倾听孩子的想法，不对孩子进行及时的心理疏导，那么孩子的情绪就会被压抑在心里，久而久之便会产生诸如敏感、抑郁等心理问题。

倾听是亲子沟通的基础和前提。很多时候，成年人会觉得小孩子还没有形成思维能力，还不会思考，这其实是大人的片面认知。孩子的表达，即使是只言片语也都是十分可贵而又真实的。因此，要想实现高效的亲子沟通，父母就要认真倾听孩子，了解并接纳孩子的语言和情绪。

5岁的清萱夜里把妈妈叫醒，对妈妈说："妈妈，我做了一个噩梦，我梦见一只大狼狗抓住了小白兔，把小白兔放到笼子里，说等到饿了的时候就把小白兔给吃掉。我一直都看着小白兔，我想把它从笼子里放出来，但是我害怕大狼狗。我就等着大狼狗走远了才去救小白兔，小白兔逃走了，可大狼狗一下就跑回来咬我的手了。"

清萱的妈妈是一名专业的心理咨询师，从事心理辅导工作多年。她一边听着清萱讲述，一边琢磨清萱做噩梦的原因。

原来，昨天早上，妈妈和清萱产生了争执。清萱在妈妈给她梳头发的时候，告诉妈妈要梳成她的好朋友芳芳那样的发型，把两边的小辫儿结成花朵的形状，可妈妈并不会梳那种发型，就给清萱梳了和往日里一样的小辫子。于是清萱就将妈妈梳好的头发拆掉了，要求妈妈重新再梳一遍，一定要梳成芳芳那样的。结果，妈妈照着清萱的说法梳了，但她依然不满意，觉得"没有芳芳的漂亮"，还大发雷霆，不仅把辫子又给拆了，还把妈妈化妆台上的物品全都扔到地上。

妈妈细细想了想，清萱梦里的所有事物都代表着她的情绪。她就像是那只小白兔被锁在笼子里，这是她被压抑了的情绪。而大狼狗则代表她释放出来的情绪，代表了她粗鲁的行为，她最后被自己的粗鲁行为"咬了手"。这个梦说明清萱意识到了自己的行为是不对的，她这是在借助这个梦来唤醒她当时被压抑和释放出来的情绪，而又通过讲述来实现她被妈妈倾听和理解的欲求。

妈妈对清萱说："妈妈知道清萱做了噩梦很害怕，妈妈会陪着你的。你想知道你为什么会做这样的梦吗？"

"是不是因为我昨天发脾气，就有大狼狗来到我梦里了？"清萱试着问。

"嗯！清萱很聪明，大狼狗代表被你释放出来的情绪，你摔了妈妈的东西，这是不对的，知道吗？清萱要答应妈妈，以后学着做一个小淑女，不要轻易地发脾气。如果你每天都开开心心、快快乐乐的，就不会再梦到大狼狗了。"

清萱也意识到自己昨天做得不对，因而依偎在妈妈的怀里，撒着娇说："妈妈我知道错了，以后我不再乱发脾气了，我要做淑女。"

梦，是表达孩子内心世界的另一种渠道，是孩子潜意识里某些情绪的影射。孩子对父母倾诉梦境，这表明孩子需要父母的安抚。对于孩子的梦，父母们一定要认真对待。耐心倾听孩子的感受，并尝试着分析孩子梦境中出现的画面都意味着什么。多和孩子聊一聊最近或者过去发生的事情，帮助孩子找到梦境的缘由，及时打开孩子的心结。

梦只是孩子传达出来的一种心灵画面，日常生活中，我们要面对孩子更多的语言信息。由于一些生理原因和环境因素，可能孩子不太习惯直接将心里话说出来，这就需要我们以一颗平等和尊重的心去对待孩子。在耐心倾听孩子的过程中，我们也要善于观察孩子的情绪，认真识别、接纳孩子的情绪，并适时地给予回应，这样孩子才愿意说出他的心里话。

## 运用反馈式倾听，说出孩子的内心感受

跟孩子好好说话，要先从好好倾听孩子说话开始。而一个好的倾听者，则需要善用反馈式倾听。什么是反馈式倾听？怎样做到反馈式倾听呢？让我们来看下面的案例。

一个孩子从小广场上气鼓鼓地走到家长身边来。

孩子："我再也不想和明明玩了，他拿着我的玩具却和其他小朋友玩，我自己都没得玩了。"

家长一："哎，那以后别和他玩了，和其他小朋友玩。自己在家里玩也好啊！"

家长二："明明拿着你的玩具却不和你玩，和其他的小朋友玩，你感到很伤心，对不对？你感到自己被抛弃了，对吗？"

所谓反馈式倾听，就是认真倾听孩子的观点后，了解孩子的想法和感受，并按照自己的理解将孩子的想法和感受说出来，再向孩子求证，进一步了解孩子隐藏的感受，从而帮助孩子合理、积极地管理自己的情绪。反

馈式倾听的关键在于对孩子的内心感受而非外在行为做出反应。

反馈式倾听要求家长对孩子做出有效的询问。一般来说，孩子与父母的沟通过程大都是由父母主导的。所以在谈话交流中，为了能更准确、全面地了解孩子的情况，在最短的时间里获得最多的信息，有效地控制谈话的方向，家长必须认真倾听孩子的所有表达，并且穿插着提出一些有效的询问。询问有两种方式，一种是开放式询问，一种是封闭式询问。可以明显地看出，上述案例中家长二运用的是开放式询问。开放式询问是反馈式倾听最主要的形式。

反馈式倾听需要父母具备非常敏锐的心理感受，并且具备表达这些感受的能力。反馈式倾听的目的是让孩子知道自己的话被听进去了，并且受到鼓励，从而继续讲下去。反馈式倾听可以拆分成以下三个步骤。

### 1. 认真倾听

认真倾听要求父母杜绝平时说话的坏习惯，比如，着急否定孩子，打断孩子说话，一边做事情一边听孩子说话，这些都是不尊重孩子的表现。父母一定要停下手中正在做的事情，注视着孩子，用心倾听他表达自己的心声，让孩子能够感受到"你说吧，我在听"。

### 2. 听出孩子话语中所传达的感受

父母不仅要倾听孩子说了些什么，还要揣摩他内心真实的感觉是什么，并且进行必要的确认。即在听孩子说完话以后，要迅速地想一想："我的孩子想要表达什么感受呢？"然后在心里组织自己的语言，简单地描述出孩子的感受。

### 3. 说出你所听到的感受

父母要把自己当作孩子的一面镜子，要在倾听孩子之后，再对孩子的感受进行重述，同时还要说出你认为引起这种感受的原因。但要注意，确认的时候，一定要用关心、猜测的口吻。如果是反问语气，听起来就不像是"核对"，而是指责了。

"我知道你很生气，因为丽丽撕坏了你娃娃的衣服。"这可以帮助孩子理解自己的感受并让他知道拥有这些感受是很正常的。

"我知道你非常害怕，不过还是不行，你必须去医院看医生，要不然感冒就会越来越严重。"要注意，永远要先对孩子的感受进行回应，然后再将原因告知孩子，这样孩子就容易接受一些。

"我知道你很高兴，我也很想听你说说幼儿园的事情。不过妈妈需要先打一个电话。等妈妈打完电话后，你再告诉我行吗？"显然，这样的反馈式倾听，会比"你怎么这么多事呢，真烦"这种简单、粗暴的回应更能加强孩子与父母交流的意愿。

有些家长认为，反馈式倾听的目的还是要求孩子接受自己的指令，只不过换了一种方式而已。其实，并非如此。反馈式倾听的重点是在强调家长注重孩子的感受，而不是一味地根据主观经验来与孩子进行对话。也许有的家长不能熟练使用这种谈话技巧，不必心急，多尝试。"狗狗生病了，你很难过，是不是？你要知道狗狗和人一样，也会生病，也要去看医生。""你和小丽一起玩很开心，是不是？等我们回家睡一觉，明天再找她来玩，好不好？"多利用开放式的询问法，你的反馈式倾听就会变得越来越自然，然后你就可以根据自己的表达习惯来使用反馈式倾听。

# 交谈时，允许孩子和父母争辩

很多父母都有这样的想法：孩子还小，见识短浅，很多道理都不明白，所以大人说话，孩子就必须"言听计从"。如果孩子与父母顶嘴、争辩，那便是"不孝"的表现。其实，孩子与父母争辩，对于孩子的成长来说，是一件非常有益的事。德国心理学家安格利卡·法斯博士证实："隔代人之间的争辩，对于下一代来说，是走上成人之路的重要一步。"

可是，给孩子争辩的权利，这对许多父母来说是很难做到的，他们在教育子女的时候，往往就是"大人说的准没错，你听我的就对了"。给子女争辩的权利，需要父母克服唯我是从，只准说是、不准说不的单向说教模式，改为尊重孩子，鼓励孩子争辩，形成善于双向交流的思维方式；改变轻则呵斥、重则棍棒的粗暴行为，养成重科学、讲民主、以理服人的良好规范。

"妈妈，你这样做是不对的。"9岁的俊哲大声说，"我有玩游戏的自由！"听到这话，妈妈非常恼火：自古都是母慈子孝，哪有孩子这么和自己的妈妈说话的？"我说不许玩就是不许玩，明天你还要上学，现在一玩玩到半夜，明天早上能按时起床吗？"说着，妈妈一下就把电源关掉了，怒斥道："没错，你是有自由。但是，我有管教你的义务。"

"你要打我吗？"俊哲可能在妈妈的语气中感受到了威胁，"打我是犯法的，有《未成年人保护法》！"

"我倒要看看谁来保护你！"妈妈实在忍不住，照着他的后背打了几巴掌。俊哲哭了起来，一边哭一边说妈妈不讲道理。妈妈的心里也不是滋味，不禁沉思起来：为什么要打儿子呢？难道就是因为自己生养了他、教育了他，因为爱他，就无法容忍他的争辩了吗？打他，其实只是因为他不服从我的管教，和我争辩！

第二天一早，在送俊哲上学的路上，妈妈为昨天的以"权"压人，向儿子道歉。俊哲竟然有些不好意思，小脸涨得通红，沉默着把脸转到了一旁。在妈妈的启发之下，俊哲终于开口了，没想到又是"争辩"的态度："你是妈妈，你不用向我道歉。"

"不对，"妈妈严肃地说，"无论是谁，只要做错事，就应该道歉。"

"妈妈，"过了好久，俊哲像忽然想到了什么似的，拉拉妈妈的手，"那我也应该向你道歉，我也不应该用那种语气和你说话。"

一路上，他们都在为谁该向谁道歉而争辩着。看得出，俊哲正在努力说服妈妈接受他的意见。当妈妈对他的论点表示肯定时，他开心地笑了起来。


其实，争辩就是各执己见，相互辩论说理，争辩有利于彼此思想的沟通，从而化解矛盾，达成共识。许多家长通过实践发现，对孩子来说，与家长争辩是一种自信、自立、自尊、自强的表现，是一种心理的宣泄。心理学家认为，争辩能帮助孩子变得自信和独立，在争辩中他们感觉到自己的想法得到表达，知道怎样才能传达自己的意志，争辩也表明孩子正在走自己的路。辩论的胜利，无疑使孩子获得一种成就感，既让孩子有了估量自己能力的机会，也锻炼了意志力。因此，明智的父母通常不把自己的意志强加在孩子身上，而是为孩子的争辩创造一种宽松、平等的氛围。在争辩的过程中，父母应循循善诱，以理服人，不要简单地把孩子的争辩看作是对长辈的不敬。

　　事实表明，争辩是在孩子与家长谈话中，孩子最来劲、最高兴、最认真的时候才会发生的事。只有在家庭民主的氛围浓、关系和谐时才能出现。因此，孩子与家长争辩，不要怕丢了家长的面子，也不要担心孩子不听话、不尊重家长、让家长为难，孩子也是讲道理的。家长与孩子争辩，孩子觉得家长讲道理，他会打心眼里更加信赖家长、尊重家长。家长要孩子做的事，孩子通过争辩弄明白了，就会心悦诚服地去做。

第三章

沟通始于问答——会问巧答，
是高效亲子沟通的前提

# 恰当地提问，孩子才肯高效地回答

有人说：父母提出问题的品质，决定了孩子成长的品质。这是很有道理的，父母运用怎样的提问方式，孩子自然会受其影响，做出对等的回应。父母只有运用恰当的提问方式，孩子才能高效地回答问题。

## 1. 封闭式提问VS开放式提问

泉泉的爸爸带他去动物园参观，一到园里，爸爸就开始对泉泉提问："泉泉，去年爸妈带你来过这里，你还记得吗？"

"记得。"

"泉泉，你看动物园的鸡和奶奶家里养的鸡是不是一样？"

"泉泉，你看长颈鹿出来了，它的脖子多长啊！长不长？"

"泉泉，小心啊，你知道吗，小猴子可是会抓人的，别让它碰到你的手。"……

泉泉的爸爸与泉泉的沟通是存在不足的，因为泉泉爸爸的提问全都是封闭式提问，即一个问题的答案只有"是"和"否"。当面对父母这样的问题时，孩子便失去了深入思考的机会，而只能随着父母的指导被动地接收信息。封闭式提问的后果是容易使孩子的思维受限，不愿意对问题进行深入思考。

同样是带儿子参观动物园，熙宸爸爸在入园之后只是默默跟随在熙宸身边，让熙宸自己观察。等熙宸的注意力从动物身上转移的时候，熙宸爸爸问他："熙宸，你记得咱们第一个看到的是什么动物吗？""熙宸，你说小长颈鹿怎么和大长颈鹿亲吻呢？""熙宸，你说小猴子为什么那么爱动呢？还有，你说什么动物像猴子一样活泼？"……

由此便可发现，同样是参观动物园，参观的动物都是一样的，但是熙宸的爸爸采用开放式的提问方式，更能引发孩子进行多向思考。孩子看到动物的特征很重要，这属于固有的知识，但由固有知识展开的知识延伸更重要。孩子的大脑正处于生长期，主动思考能够促使孩子形成发散型思维。

## 2. 破坏式提问VS建设式提问

期中考试后，玉婷回到家。

妈妈："怎么样？这次考了多少分？"

玉婷把书包里的成绩单拿出来递给妈妈，然后默默地低下头。妈妈看见玉婷语文86、数学68的成绩，一上来就问："你为什么没考好？"

玉婷本来就很难过，现在面对妈妈的提问更是不知道说些什么。

家长们一定要注意，像"你为什么没考好""你为什么不能老实待会儿""你为什么要早恋"这些都属于破坏式的提问方式。破坏式提问的句型结构是"为什么+负面信息"。破坏式的提问不仅对解决问题没有一点帮助，而且还会对孩子的自信心造成严重的打击。当我们问"为什么"时指向的是过去，其实就是在说："那件事情做错啦，你很差劲，你应该承担责任……"这让孩子觉得自己很糟糕，很失败，这时他是很难做出回应的，也不能从中得到成长经验。

同样的情况，妈妈看到多多的成绩不理想，问她："多多，你觉得下次考试怎样才能考好一些呢？"

这时，多多歪着头，眼珠往上一转，说："我的数学成绩不好，因为数学老师讲课我有好多听不明白，她那么凶，我也不敢去问问题，所以我想找一个数学辅导老师，把我不懂的问题都给我讲清楚。"

孩子的成绩不理想或者某种行为出现偏差是多方原因造成的，家长不能纠结于考试的结果，而是要寻找解决问题的方法，同时引导孩子主动解决问题。"你觉得下次怎样做才能更好呢"这样的建设式提问会给孩子一种改变现状的动力，因为他不但没有从过去的事情中接收到负面的因素，反而拥有了可以变得更好的激励。所以，当孩子的表现令你不如意时，家长不妨尝试用建设式的提问方式来提问孩子。

### 3. 责备式提问VS趣味式提问

涵莹抱着露出棉花的布娃娃，哭着对妈妈说："妈妈，我的娃娃烂了。"

"你这孩子，真是不听话，我告没告诉你不许你玩剪刀了？你怎么就是不听呢？"

　　"可是我想看看娃娃的肚子里有什么。"涵莹委屈地说。

　　"烂了就扔了吧，以后再也别叫我给你买娃娃了！"

　　涵莹一言不发地站在一旁，极其难过。

　　要知道，孩子是没有生活经验的，他不知道成人眼中的是非对错，只会根据自身的感觉来行事。如果父母一味地对还未拥有健全认知的孩子采取责备式提问，那么孩子好奇的天性便会受到压抑，得不到释放。久而久之，孩子会渐渐变得无能、无助、烦躁，甚至会产生心理疾病。

　　相同的情况，妈妈看着哭泣的维维说："别哭了，告诉妈妈你怎么会把自己喜欢的娃娃给剪开了呢？"

　　"因为我想看看娃娃的肚子里有没有宝贝。"

　　"哦，是这样啊！那你看娃娃的肚皮都破了，她会很疼的。妈妈是医生，让妈妈把娃娃缝起来，好不好？"

　　"好，谢谢妈妈！"维维用力地抱住了妈妈。

　　为了激发孩子的求知欲，父母一定要采取趣味式的提问方式，多问孩子几个问题，努力探索孩子的内心想法，然后再与孩子一同寻找解决问题的办法。只有这样才能真正地帮到孩子，促进孩子的成长。

一下子发问太多，等于不信任孩子

"你去哪了？""没去哪。""和谁一起去的？""没谁。""去干什么了？""没干什么。"……现实生活中，这样的经典对话随处可见。很多父母都习惯凭借自身经验来对孩子提问，以示对孩子的关怀。但当孩子面对父母狂轰滥炸般的问题不知道怎么回答或者不会回答时，便会用"我不知道"或者"你烦不烦啊"来堵住父母的嘴。

其实，过多的提问不仅起不到关爱孩子的作用，反而会招致孩子的反感。因为在孩子的心里，父母过多的问题是不信任自己的表现。

周末下午，如心和好朋友郊游回到家。正在客厅里看电视的妈妈看见她，便问："怎么样啊？这次玩得开不开心？"

如心的心还没从山野中走出来，难以抑制的欢乐就像阳光一样映在她的脸上。"还行吧，挺好的。"如心轻描淡写地回答妈妈的问话。

"都有什么好玩的？和妈妈说一说。对了，如心，你的作业做完了吗？"

"踏青啊，有什么特别的，就是青山绿水啊！作业还没写完，晚上赶一下。"

"总是最后赶作业，要是提前写完了多好，不是省得急慌慌的？赶作业的时候能用心吗？"妈妈本是好心好意地想要提醒如心要用心做作业，可是话一经嘴里说出来就变了味。同样的，如心本来郊游回来心情很好，现在却被妈妈的问题搞得心烦意乱。"就差一点数学了，不用您操心。"如心耐着性子说。说完，她赶紧跑进了自己的卧室。

"你等一下，我给你的钱呢？都花了么？"妈妈又想起郊游前给了如心100块钱。

"花了，都花了！"如心被妈妈搞得异常烦躁，情绪一激动，说出了不符合事实的话，其实，她还剩了好多钱呢。

"都花了？怎么这么能花钱？都买什么了？"妈妈继续追问如心。

"什么都买了，该买的、不该买的都买了！"说完，如心"砰"的一声关上自己的房门。

通过上面的案例，我们能够很明显地看出，如心原本的愉悦心情瞬间被妈妈一句又一句的提问驱散了。试问，面对这样的家长，谁能不烦心？

每一个孩子都是独立的精神个体，他们感情细腻，有很强的自尊心。虽然年纪小，但是他们能够敏锐地感觉到他人的情绪和语气。孩子最怕别人不信任自己，其中，父母的信任对他们来说是最重要的。如果父母对他们的行为产生怀疑，他们就会产生挫败感，心理脆弱的孩子还会因为父母的怀疑而对父母感到失望，从而变得郁郁寡欢。

孩子的心理都很脆弱，作为父母，我们不但要满足孩子的生理需求，还要满足孩子的心理需求。不向孩子进行连珠炮式的提问，就是对孩子信任的表现。在信任的氛围中长大的孩子往往会对自己充满自信。对于孩子来说，父母的一句话，不论是好是坏，都会成为他一生中具有重要意义的话。所以，我们一定要相信自己的孩子。即便是孩子在某个方面真的出了问题，我们也不应该整天在孩子耳边喋喋不休，而是应该寻找正当的办法来帮助孩子解决问题。

### 1. 放下成见，和孩子坦诚交谈

很多父母在与孩子的交流过程中，都无法放下自己的成见，习惯于凭直觉来教育孩子。一发现孩子有什么异样，他们便会喋喋不休地向孩子发问。一看到孩子衣衫不整，就会问"是不是在外面打架了"；一看到孩子洗澡、洗头的次数增加了，就会问"你是不是谈恋爱了？怎么变得臭美起来了"；一看到孩子上网，就会问"你是不是又在浏览不健康网站"……什么时候身为父母的我们能够静下心来，先听听孩子怎么说，再进行下一步的提问呢？

## 2. 保有一颗平常心

父母的过多提问会让孩子变得敏感、抑郁，面对这种情况，父母最好保有一颗平常心。在孩子的成长过程中，难免会出现一些问题。如果父母对孩子出现的问题过于重视，孩子就可能产生逆反心理。比如，孩子开始注重形象只是因为礼仪课上老师的指导，却被父母追问"是不是在谈恋爱"，那孩子便有可能真的去谈一场恋爱以回应父母的追问。反之，如果父母以一颗平常心对待孩子的行为，孩子就会坦然地向父母道出事实的真相。

## 提问，不该是责怪孩子的工具

前段时间，有一段在网上疯传的小视频，是关于一个"可怜巴巴"的"呆萌"小男孩认错的视频。

妈妈："你做错了没有？"

"我错了。"小男孩委屈地说。

妈妈："哪做错了？"

"哪都错了。"小男孩不明所以。

妈妈："说，是哪错了？"

"嗯，错了。"小男孩还是认错。

妈妈："这个是不是你放的？"

"是我放的。"小男孩掉下眼泪。

妈妈："那是不是放错地方了？"

"嗯，放错了！"小男孩哭着说。

妈妈："为什么要乱放东西？"

"不乱放了。"小男孩条件反射般地回答。

妈妈："知道错了，记住了吧？"

"记住了，错了。"小男孩掉着眼泪、眨着大眼睛说。

妈妈："记住了吗，哪错了？"

"嗯……"小男孩又忘记自己错在哪里了。

视频结束，如果继续下去，这将是一个"从前有座山，山里有座庙"式的无限循环。此视频被疯狂转发的原因也许是大家都觉得小男孩特别"呆萌"、可爱，意识不到错误却"积极"认错，而且还忘性大。其实，这个视频也暴露出一个非常实际的问题，那就是面对父母连珠炮式的提问，孩子并不知道如何应答。年龄小的孩子，由于害怕"发威"（也许父母本身觉得自己只是在装严厉，心里并没有当回事）的父母，便会因为内心产生的恐惧而积极地向父母承认错误，以寻求父母的尽快原谅，重新得到平日里的那个"正常"的爸爸妈妈。但年龄稍长的孩子，面对父母"无止境"的提问，只会感到厌烦和伤心。

昕颐出生在一个非常有爱的家庭，她是家里的独生女，从小娇生惯养，大人什么事都听她的。可昕颐的妈妈在昕颐9岁的时候因病去世，昕颐从此由一个活泼开朗的孩子变成了一个谁也不愿相信的、郁郁寡欢的女孩。两年后，爸爸又结婚了。面对重组的家庭，尤其是继母带过来的妹妹，昕颐从心底里排斥。

一天放学，昕颐推开自己的房门便发现妹妹正在翻弄她的抽屉，视写字台为自己最后私密空间的昕颐再也忍不住心中的怨气，对着妹妹大吼起来："啊！你为什么要动我的抽屉？你给我走！"

妹妹自然也难以忍受，喊道："我就来找点东西，你发什么疯？"

两姐妹吵了一顿之后，爸爸下班回来了。妹妹跟个没事人一样，该干吗干吗，可昕颐却把自己锁在房间里一直哭。继母自然是耐心劝解，对爸爸说两个孩子吵吵架很正常，不要着急，下班了要好好休息之类的话。

工作了一天已经很累的爸爸听着女儿的哭声既心疼又着急，他走到昕颐房门前，一边敲门一边说："昕颐，是我，开开门，咱们谈谈！"

昕颐打开房门，看见爸爸回来，哭得更加厉害了。

爸爸安慰昕颐说："昕颐，我知道你难过，受了委屈，你能和我说说吗？"

"我不想说，我什么也不想说。"昕颐哭着说。

"你知道你这一哭，我心里也难受吗？"爸爸问她。

"我知道，但是我受不了，忍不住。"

"昕颐，我知道你想妈妈，对不对？我也想她，可是她已经离开了，我们还要好好生活，甚至比之前过得更好，是不是？你想，如果你妈妈知道你天天不开心，还哭得这么难过，她不会难过吗？"

"爸，我想她，我想她回来……"昕颐抽泣着说。

爸爸把昕颐揽到怀里，摸着她的头说："你知道吗？妈妈活在我们的心里，她永远都和我们在一起，你开心的时候她就开心，你一难过她也跟着难过。你想妈妈伤心吗？"

"不想，我希望妈妈永远都不会难过。"

"那你就不要哭了，有什么憋在心里的话都和爸爸说出来，爸爸希望你是开心快乐的，像我们从前的小昕颐一样。"

……

昕颐依偎在爸爸怀里，和爸爸说了好久的话，压抑在心里的情绪终于释放了出来。

要知道，每对父母向孩子发问都是出于爱，都是希望通过提问的方式来了解孩子的心理，从而帮助孩子走出困境。案例中小男孩的妈妈是想通过提问的方式让儿子知道错在哪里，并让他记住错误，下次不再犯。显然，一连串的提问并没有产生任何效果。昕颐的爸爸就不一样了，他没有从问题本身入手，而是首先接纳了孩子难过的情绪，并理解孩子的情绪。这样一来，孩子便拥有了理解和接纳她的人，也就不再觉得孤单无助了。

实际生活中，有很多孩子因为父母的一句指责就会感到绝望，甚至会产生轻生的念头。还有的孩子因为父母的不当言辞，居然谋杀自己的亲生父母。所以说，提问也是要讲究技巧和方式的，否则只会让沟通的双方都怨气满满。提问不应是责备孩子的工具，而应是一把能够打开孩子心灵之门的钥匙。那么，我们应该如何做，才能避免让提问变成责备呢？

### 1. 以平和的心态问孩子

很多家长明明知道孩子做错了，却非要"一问究竟"，看看孩子为什么会做出这样的举动。这样的做法无异于兴师问罪，想想，孩子除了被迫承认错误和产生严重的逆反心理之外，还能有怎样的反应呢？

以平和的心态问孩子，不去做"讨伐"孩子的审判长，孩子才愿意和你说出真相。

### 2. 不带着预设去提问

作为家长，我们都希望自己的孩子远离坏行为、坏习惯，希望他们越来越好。因此，父母一定要杜绝不由自主地将孩子往坏的方面想，这是提问前首先要做到的。要清楚我们的出发点是良好的，同时也要让孩子明白我们的态度。

带着预设去提问是提问的主要误区之一，无论是好的预想还是坏的预想都不利于孩子的成长。带着坏的预想去问孩子，只会造成孩子的反感心理。同样的，带着好的预想去提问，也会给孩子造成不必要的压力。

## 提问时增加选择项，让孩子感受到尊重

当亲子沟通遇到瓶颈时，父母可以通过增加提问选择项的方式来打破僵局，进而引导和鼓励孩子向更好的方向成长。提问时增加选择项是亲子沟通中的小技巧，这种提问方式的巧妙之处在于，一方面它给孩子带来了选择的空间，让孩子感受到了父母的尊重；另一方面，也让父母在最短的时间内了解孩子的心思，打破亲子沟通的僵局。

幼儿园近期要举办毕业歌舞比赛，蕾蕾是天生的"金嗓子"，自然要报名参加。这次蕾蕾报名演唱的是评戏《花为媒》选段。为了让蕾蕾取得好成绩，妈妈去专门的服装店给蕾蕾租了一套与她角色相符合的戏服，爸爸也把喜欢唱评戏的爷爷从老家接了过来，让爷爷指导蕾蕾练习。因此，蕾蕾立下"豪言壮语"："这次我一定能得第一名。"

有天时地利，可人却未能和，就在参加比赛的三天前，蕾蕾因为着凉，发起高烧，这下子可把她给急坏了："妈妈，我还能参加比赛吗？"

妈妈安慰蕾蕾说："能，只要你尽快好起来就能参加。"

"要是好不起来呢？"蕾蕾沮丧地问。

"好不起来那就只能退赛了，没办法。"

"不，我要参加比赛，好不了也要参加！"蕾蕾哭着说。

妈妈坐在蕾蕾的床边，摸着蕾蕾的头说："你生病了，嗓子都哑了，还怎么上台演唱呢？这样的比赛以后还会有，错过了这一次，还有下一次呀！"

"可这是我在幼儿园参加的最后一次比赛，我不想错过。"

面对态度坚决的蕾蕾，妈妈使出了增加提问选项的沟通法："蕾蕾，以你现在的身体状况来看，你参加与不参加比赛会出现两种结果。一种是，如果你坚持带病参加比赛，不仅不会取得好成绩，还会影响你的嗓子正常恢复和发育。另一种是，如果你选择退赛的话，老师就会及时安排另一位小朋友演出，这样你也可以看到其他小朋友的演唱，而且班里也会多得一些加分，获得荣誉的可能性会大些。你觉得，这两个选项，你选择哪一个比较好呢？"

蕾蕾闭上眼睛，不再说话。

"既能让身体好好恢复，又能让班里获得荣誉，这样不是很好吗？"

"好吧，我决定了，还是不参赛了。但是不要让爷爷回去，等病好了我还想和爷爷一起唱戏。"

"嗯，好，不让爷爷走。"


案例中的蕾蕾本来可以在比赛中大显身手，可因为突如其来的一场病使她暂时失去了唱戏的好嗓音。面对执意要参加比赛的蕾蕾，妈妈用提问的方式，将这个问题拆分成两个可选择项，最终消除了蕾蕾心中的不甘，让蕾蕾欣然接受不能参赛的事实。

现实生活中，如果你问别人一个问题，然后提供两个选择，大多数人都会不由自主地从你所提供的答案中选择其中的一项。想想生活中的情况，我们在餐厅经常会被问到的一句话是："您是要喝茶还是咖啡？"这时，我们会怎么做？"茶，谢谢。""咖啡，谢谢。"也会有人做出别的选择，比如："除了茶和咖啡，还有别的吗"或是"有果汁吗"。但，这样的人很少。因为我们潜意识中似乎有种思维习惯，可以促使我们对面前的选项做出某种选择。即便这些选择中没有我们想要的，我们也不会再去要求别的了。孩子也是一样，当你给孩子提供了多重选项，孩子便会自然而然地选择其中一项。

如果提供给孩子两个选项，那么父母要确保这两个选项对孩子都是有利的。如果其中的一个方案不是孩子想要的，那么就要将这个方案不好的地方明确指出来，同时也要将你想让孩子选择的方案说得合理一些，这样就能轻而易举地让孩子接受你的提议了。

# 面对孩子的诸多"为什么"，父母该怎么说

孩子的成长离不开思考，而问"为什么"就是孩子爱思考、有求知欲的表现。很多时候，大人觉得平淡无奇的小事，在孩子眼中却是新奇无比的大事。孩子会问"小鸟为什么会飞，我为什么不会飞""天会不会塌下来，什么时候塌下来""没生病为什么要去打针（防疫针）"等问题，有时会问得家长们招架不住。

孩子不停地提问，是因为他已不再满足于眼中观察到的信息，他想通过提问来对自己未知的世界进行更深层次的探索。所以，当孩子不断向你问"为什么"时，你要如何应对呢？

妈妈带着昊昊去参加同学聚会，吃饭的时候，昊昊看着一大桌子的菜，不停地向妈妈发问："妈妈，这个菜叫什么？那个菜叫什么？为什么咱们家没有这些菜？"

一开始，妈妈耐心地回答昊昊，等到后来遇到妈妈也没见过的菜时，就有些不耐烦了。而且当着大学同学的面，妈妈很难为情，因此生气地对昊昊说："你这孩子怎么连吃都堵不上你的嘴，吃个饭哪来这么多问题？"

之后，昊昊就没再说话了。

昊昊的年纪虽小，但对妈妈的话却铭记于心，以后不管遇到什么问题，都不愿再开口发问。之前，老师布置的思维发散题，昊昊都会和同学讨论，如果不懂的话就会问爸爸，直到把题目弄清楚为止。现在，昊昊对这些思维发散题也不感兴趣了。

可见，昊昊虽然年纪小，但他也能感受到妈妈对他的态度，而且妈妈的话对他产生了很大的影响，致使他渐渐失去提问的热情，也渐渐失去好奇心和求知欲。如果没有妈妈的指责，也许昊昊会成为一名小小数学家。

为了能让孩子更好地思考问题，父母对孩子的提问一定要报以认真的态度，千万不能三言两语、随随便便地打发孩子，而是要鼓励、引导孩子主动寻找答案。

针对上面的案例，昊昊的妈妈可以对昊昊说："呀！妈妈也不知道这是道什么菜，你去问问叔叔阿姨好不好？或者等一会咱们去书店买一本菜谱，一起来研究研究好吗？"这样既保护了孩子的求知欲，又会使孩子为自己能够提出连妈妈都不知道的问题而感到自豪。

辰祎特别喜欢鱼，常常盯着家里的鱼缸看。"妈妈，鱼会不会睡觉？为什么我什么时候看它们，它们都在游啊？它们不会累吗？"

"鱼也会睡觉啊，它们睡觉的时候你也在睡觉啊，所以你只是没看到鱼在睡觉。"妈妈说。

"那鱼是怎么睡觉的，是躺在鱼缸底下睡吗？"辰祎又问。

"不是的，鱼是不会躺下的，它们会躲在小假山里，一动也不动，那就是在睡觉呢。"妈妈耐心地说着。

"妈妈，那鱼在睡觉的时候会闭上眼睛吗？我听王爷爷说鱼是不会闭眼睛的，是吗？"

"嗯，因为鱼没有眼睑，所以不会闭眼睛。"

"那鱼为什么没有眼睑啊？"辰祎的问题一个接一个。

"辰祎，你把妈妈给问住了，妈妈也不知道该怎么回答这个问题，要不你和妈妈一起上网查询一下吧？"

"好啊好啊！"辰祎开心地说。

通过上网查询，辰祎不仅知道了鱼为什么没有眼睑，还知道了鱼是如何在水中呼吸的，并亲自用手臂代替鱼鳃给妈妈讲解了一番。

"辰祎真是了不起，这么小就知道这么多知识了，也许长大了能当一个科学家呢！"

辰祎听了妈妈的夸赞，咧起小嘴开心地笑了。


有的家长会觉得孩子提出来的问题不过是一时的心血来潮，有时间的时候就回应两句，没时间的时候就敷衍两句，甚至指责孩子问题太多。对于辰祎的问题，辰祎的妈妈给予他耐心的解答，而辰祎随着妈妈的解答又不断发现新的问题，这便锻炼了他深入思考的能力。

因此，无论孩子的提问多么简单、可笑，多么难以回答，父母都应该鼓励孩子提问，根据孩子对事物的理解程度，对孩子提出的问题给予认真、正确、及时的回答，给孩子一个满意的答案。

面对孩子的诸多"为什么"，父母一定要认真对待。父母在与孩子问答互动的过程中，一方面建立了亲子间的亲密关系，另一方面也鼓励了孩子进行多向思考。

当遇到孩子问得很好、很有逻辑的问题时，父母要多鼓励"嗯，这个问题不错，我家孩子很有想法"；遇到容易回答的问题，要立即回答；对于不易回答的问题，要和孩子共同探讨，或者告诉孩子"等爸爸妈妈想清楚了再告诉你吧"；而遇到自己也不知道答案的问题时，父母一定不要不好意思，而是要夸赞孩子"你真棒！这个问题连爸爸妈妈都不会，我们一起去查一下吧"。

面对爱提问的孩子，父母需要特别注意以下三点。

### 1. 重复问"为什么"，是在宣泄负面情绪

当孩子不断地重复问一个问题的时候，比如"为什么要去幼儿园""为什么我不能和姐姐出去玩""为什么非要参加比赛"等问题，这可能是孩子在宣泄负面情绪，他实际想要表达的是"我不想去幼儿园""我想和姐姐一起出去玩""我不想参加比赛"。所以父母一定要耐心倾听孩子的话语，理解孩子在问话时的心情，然后给他讲明白道理，让他的心情平复下来。

### 2. 有时候孩子需要的不是答案，而是被重视

有的时候，孩子问为什么并不一定是需要父母给予精确的回答，他们只是想要获得一种满足感，希望父母重视自己的提问。所以在亲子沟通时，父母一定要认真对待孩子提问时的情绪，放下手头正在做或心里正在思考的事情，接纳孩子的感受，给予孩子适当的关怀。

### 3. 父母也不懂时，和孩子一起找答案

在年幼的孩子眼中，父母是无所不知的。当孩子问出父母也不懂的问题时，有的父母习惯含糊其辞地应付孩子。这样做，并不利于培养孩子的能力，反而会在孩子心中树立一种大人无所不能的印象，从而导致孩子盲目崇拜大人，形成自卑情绪。

这时候，父母可以直接告诉孩子："这个问题爸爸妈妈也不懂，咱们一起去寻找答案吧。"要知道，父母带着孩子一起寻找答案的过程，其实是在向孩子传达一种求实好学的精神，也是在教孩子一种学习方法。当这些方法潜移默化地渗透到孩子的日常生活中时，他就会受益一生。

## 以问代答，帮助孩子理清思路

提问不仅是父母了解孩子内心想法的途径，同样也可以用来解答孩子提出的问题。尤其是当孩子提出不正常或不合理的问题，父母短时间难以回答或是不同意孩子的做法时，就可以采用以问代答或是对前因后果逐步深入质问的方式，帮助孩子理清思路，让孩子重新面对自己的问题，进而主动寻求解决的办法。

周五晚，子扬放学回到家，对坐在沙发上的爸爸说："爸爸，这个周末我要去打电玩，您会同意吧？"

爸爸心想子扬就要期末考试了，这时候应该好好待在家里复习功课才对，但又不能直接否定子扬的说法，于是沉思片刻，对子扬说："咦？子扬，你什么时候对电玩感兴趣了呢？我记得你以往不喜欢电子游戏啊！"

"哦，是这样的，我们班里的男生最近组建了一个电玩部落，我也加入了，之前没玩过，需要多练习才行。"子扬坦白道。

"练习？你想怎么练习？"爸爸追问。

"我们有一个练习计划，这周先热热身，下周练习对抗赛，练一个多月到放假正好和其他学校的同学打比赛。"

"哦，这样啊，那你是怎么安排练习时间和准备期末考试的学习时间的呢？"

"哎呀，这个嘛……"显然，子扬并没有思考过这个问题。

爸爸接着问："怎么了？还没想好是不是？"

子扬皱着眉头："您一说我才想起来，还有一个多月就要期末考试了，但是我还有好多知识没巩固呢！"

"那要怎么办呢？打游戏是不是和复习功课起冲突呢？"爸爸又问。

子扬愣了一会儿，对爸爸说："我还是先退了吧，太浪费时间了，我得好好复习功课，等放假有时间了再加入他们。"

爸爸听后，欣慰地笑了。

从这个案例中可以看出，爸爸与子扬所说的话中没有一句"你不能……"或是"你必须……"，而全都采用提问的方式来代替回答，引导子扬对自己想做的事情进行更加深入的思考。有时候，孩子是盲目的，他不知道自己所做或是要做的事情合不合理，这时候就需要父母的提醒与引导，帮助孩子理清思路。通常，运用以问代答的反问式沟通法，能够让孩子主动意识到自身的错误，并努力寻求解决办法。在运用这种方式时，父母如果做到以下两点，将会取得更好的效果。

### 1. 认真对待孩子的问题

不管孩子提出的问题有多不合理，父母也不能用反问的方式强硬地回绝孩子，比如说出"打电玩？你功课都复习好了，是吗？你期末考试能考第一名，是吗"这样的话。否则，就等于直接堵住了孩子的嘴，让孩子无话可说。父母应先仔细考虑、权衡各方面的因素，然后再对孩子进行提问。这样做既是对孩子的尊重，也是父母完善自身想法的好时机。

### 2. 提问时要循序渐进，逐步深入

父母在思考成熟后，可以先不对孩子的问题进行解答，而是让孩子重复其问题，比如："你想去做什么？你为什么想要打电玩呢？"听听孩子是怎么想的，然后针对其中的不合理之处进行提问，循序渐进，逐步深入，直至找到问题的根本。这种做法既能帮助孩子理清思路，也有利于亲子间的沟通与交流。

第四章

情感式沟通——请重视和孩子
的心灵交流

## 不要因为忙碌，而忽略对孩子的关注

随着生活节奏的加快，很多家长每天就像陀螺一样往返于公司和家庭之间。劳累一天之后，家长回到家很难有足够的时间和精力细心地呵护和关注孩子，和孩子之间的沟通自然会受到影响。

同时，还有不少事业有成的人因忙于公务而忽略了孩子，不是把孩子放到全托班就是丢在老人身边，对孩子疏于管教，这样很容易让成长中的孩子产生焦虑、孤独等心理疾患，因为孩子的情感需求长期得不到满足，得不到应有的爱和安全感。因此，请不要再以"忙碌"为借口而忽视你的孩子。为了孩子的健康成长，父母要多付出一些爱心和耐心，尽量多抽些时间陪伴孩子，让彼此有足够的时间增进了解，从而让亲子之间的沟通更有效。

一位事业型女性，在32岁时才生下女儿，但她根本没有多少时间来照顾女儿。为了能够全身心地投入工作，她只能将住在乡下的妈妈接来看管女儿。

一天下班后，女儿见妈妈回来，特别开心地张开双臂抱住妈妈的腿，仰着头说："妈妈，你回来了！"

妈妈摸摸孩子的头说："嗯，亲爱的，妈妈回来了，等妈妈吃完饭就和你玩。"然后妈妈就去餐厅吃饭了。饭刚吃到一半,妈妈接到一位客户的电话。这时候,女儿来到妈妈身边,对妈妈说:"妈妈,你吃完饭了吗?"妈妈朝着女儿做了一个"嘘"的手势,示意她不要再说话。女儿乖乖地走开了。

妈妈吃完饭,便坐到沙发上看手机,这时女儿又跑来妈妈身边,带着渴求的目光问妈妈:"妈妈,你什么时候能忙完啊?"

被女儿这么一问,妈妈才突然意识到:其实从到家到现在这么长的时间里,自己想的还是公司的事,根本没有用心和女儿交流,根本没有关注到孩子的内心。她忽而一阵心酸,抱起女儿,说:"宝贝,对不起,妈妈没有遵守吃完饭就陪你玩的约定。以后,妈妈会注意的,下班回到家就不再想工作的事情,好好陪你。"

"嗯,我想让妈妈给我读《人山》的故事,好吗?"

"好啊,以后,我们每晚都来阅读吧!"

柔和的灯光下,一对母女开启了一段温馨的亲子阅读之旅。

是不是很多父母都能从这个案例中看到自己的影子?身体明明是和孩子在一起的,但心却不在孩子身上。当孩子和自己说话的时候,不是敷衍应付,就是完全忽略。孩子是极敏感的,他能够准确辨析父母发出来的信号。不管多大的孩子,内心都渴望得到父母的关注和爱。当孩子发现父母的注意力不在自己身上时,便会产生很大的失落感。

毫无疑问,比起工作,比起家务,与孩子沟通才是更重要的。因为当孩子主动和你说话的时候,正是父母了解孩子的最好时机。这时候,父母一定要认真倾听孩子的诉说,用倾听的姿态告诉孩子:"我在关注着你,我很在乎你的感受。"这样当孩子有了烦恼的事、高兴的事,他就愿意说给父母听,愿意与父母分享。而父母借着这种良好的亲子沟通,对孩子的了解也更细微、及时。因此，给予孩子适当的关注，对孩子的成长起着积极的促进作用。那么，父母应该怎样做，才能让孩子更多地感受到爱和关注呢？

### 1. 多花时间和心思来陪孩子

父母要多花时间陪伴孩子，才能增进对孩子的了解，进而关心孩子的成长。在陪孩子的过程中，给予孩子指导和帮助，会让孩子成长得更健康、更茁壮。陪伴孩子，不仅要多花时间，还要多花心思，尽量站在孩子的角度看问题。想孩子之所想，做到孩子希望家长做到的事情，孩子才会感觉到爱和重视。

### 2. 多关注孩子的心理需求

父母要用对待朋友的心态来对待孩子，关注孩子的心理需求。

芷柔在期末考试中取得了好成绩，爸爸承诺要给她买一个彼得兔。可谁知，当芷柔收到可爱的彼得兔时并不开心，还表现出一副失落的样子。原来，假期里，班上的好多同学都和爸爸妈妈一起去上海的迪士尼乐园游玩，芷柔也很想去，可是爸爸妈妈的工作都很忙，没时间陪她。

爸爸看出芷柔的心思，就仔细询问了她。得知原因后，爸爸对芷柔说："爸妈可以调休啊，这样既可以休息，又能实现你的心愿，多好的事啊！"芷柔高兴坏了，赶快到卧室收拾去上海的漂亮衣服。

总的来说，每个孩子都渴望得到父母的爱与陪伴，比起物质上的奖励，父母满足孩子的心理需求更能让孩子感受到爱与温暖。

# 信任孩子，孩子才愿意敞开心扉

俗话说得好，"亲其师，信其道"。父母要善于用情感打动孩子的心，重视与孩子进行情感和心灵上的沟通，让孩子多与父母接触，通过谈话、活动等形式加强与孩子的情感交流，让孩子知道父母对自己的爱，培养孩子与父母之间的信任。这种情感式沟通可以消除孩子与父母之间的误会，加强亲子之间的亲密关系。

只有尊重孩子的父母才会得到孩子的信任，而只有父母得到孩子的信任，孩子才愿意向父母敞开心扉。

沐心自从上了幼儿园就开始自己一个人睡，可现在沐心上了一年级，胆子却越来越小了。有好几次，她都吵着要和爸爸妈妈一起睡。

一天晚上，沐心跑到爸妈的卧室，对妈妈说："妈妈，有鬼，我害怕，我不要一个人睡。"妈妈觉得沐心是在胡思乱想，就安慰她说："沐心，世界上根本就没有鬼，你长大了，你是最勇敢的沐心，你可以一个人睡的，妈妈相信你！"

妈妈希望沐心能战胜自己的内心，但是沐心的爸爸却没有这样做，爸爸不是告诉沐心这个世界没有鬼，而是问沐心："沐心，你告诉爸爸，你看见的鬼长什么样？"

"是黑色的，看不见，我一想看清楚，鬼就立刻消失了。"沐心惊慌地和爸爸说。

当天晚上，爸爸并没有"赶"她回去睡觉，而是把她揽在怀里，针对"鬼"的事情和她聊了很久，并且得到一条重要的信息：沐心经常在放学路上看到鬼。

第二天，爸爸请了假，专门在沐心的放学路上以陌生人的方式默默跟着她，然后看到一个戴着帽子的中年男子竟然在跟踪沐心。爸爸制伏了这个中年男人，并马上报警。经警察调查发现，这名男子正是全网搜捕的拐卖儿童的人贩子。

通过这个故事我们知道，信任自己的孩子是何等重要。试想，如果沐心的爸爸和沐心的妈妈一样，随便安慰沐心几句之后就放手不管，那么是不是又会有一出家庭悲剧上演呢？这个故事告诫我们：一定要认真对待孩子所说的话，不要随意否定孩子，在孩子表述不清时，引导孩子把心中的话说出来。

父母对孩子最好的教育是尊重孩子、信任孩子，把孩子当成一个独立的人来对待。英国教育家斯宾塞曾说，"当孩子感到被爱、被信任，奇迹不久就会出现在你眼前""就像从苹果树上采摘果实需要方法一样，打开孩子的心灵之窗也需要父母的灵性与耐心"。

任何孩子都希望自己被信任，信任会带给孩子力量和激情。比如在孩子遇到挫折的时候，如果家长对他有足够的信任，他就会勇敢地去面对，积极地发挥主观能动性，有效地进行自我调整，把困难转化为促进自己努力进取的动力。相反，家长的不信任只会拉开与孩子心灵的距离，使彼此变得越来越陌生，孩子在面对困境时，便会觉得孤独无助。要想做到真正地信任孩子，家长应注意以下几点。

### 1. 从内心深处相信孩子

信任是一条阳光通道，父母只有从内心深处相信孩子，才能够顺利地走进孩子的内心世界。要知道，父母的信任与鼓励对成长过程中的孩子来说就像阳光之于禾苗一样必不可少。如果父母处处不相信孩子，总是说"别胡扯了，你那点小心思我还不知道吗"，日久天长，孩子幼小的心灵会受到难以估量的伤害。

### 2. 多对孩子说信任的话

要多对孩子说"我相信……""我支持……""没关系……"之类的话。例如："孩子，我相信你能行，试试吧。""我相信你能自己处理好这件事情。""我知道你是一个善良的孩子。""我支持你去做你自己喜欢的事。""没关系，下次再来！"这种信任会让孩子感到非常愉悦，他的能力得到了父母的肯定，他的自信就会树立起来，他与父母的关系就会更加融洽。

### 3. 在行动上对孩子表示支持

信任孩子，不光是从内心里、言语上，还要在行动上对孩子表示支持。当孩子对一件事情还没有做好准备的时候，父母不要强迫孩子去做，不要唠叨，而是要耐心等待，相信孩子有把事情处理好的能力。当孩子极力想要去做一件事的时候，父母要懂得适时放手，并用行动来帮助孩子实现他的梦想。父母把信任感很好地传达给孩子，孩子就能感受到父母切实的爱，就愿意和父母说出心底里的话。

# 增进亲子互动，在互动中穿插沟通

在孩子的成长过程中，总会遇到各种各样的问题，父母如果能够不单单做孩子的家长，也做孩子的朋友，这对亲子之间的沟通是十分有利的。因为随着孩子的成长，当他们有了喜悦或是难过的事情时，首先想到的倾诉对象就是父母。而要想达到这种效果，父母就要在孩子小的时候与他建立起朋友关系。

情感是亲子沟通的基础，父母要想与孩子建立亲密的关系，就要重视平日里与孩子相处时的点点滴滴。在日常生活中，亲子沟通的方式不仅仅是面对面的交流，父母还可以通过与孩子一起游戏、一起阅读、一起旅行等多种方式来加强与孩子的情感交流，从而与孩子成为心灵上的好伙伴。

悦洋小的时候，识字比较少，都是妈妈读书给他听。自从悦洋升入一年级以后，他开始向妈妈争夺读书的主动权："妈妈，我来读吧，我已经认识很多字了！"

"我们悦洋真是厉害，那妈妈就听你讲喽！"

"嗯，有不认识的字的时候，妈妈要提醒我一下。"悦洋朝着妈妈笑嘻嘻地说。

妈妈说："好的。我们开始吧！"

悦洋拿起妈妈新买来的儿童绘本《恐龙警察大冒险》读了起来："爱捣乱的霸王龙把工厂搞得一团糟，但是大家都宽容并原谅了他。霸王龙终于为自己做错的事情感到惭愧，主动弥补自己的过错，也实现了自己独特的价值。"在妈妈的指导下，悦洋顺利读完了整篇故事。

读完后，妈妈根据书中的内容对悦洋进行提问："悦洋，现在你能够理解什么是宽容和谅解了吗？"

"宽容就是像妈妈一样，当我有错误的时候，您也不会骂我，还一样爱我。嗯……"悦洋琢磨了一下，继续说，"谅解就是原谅别人的错误。"

"嗯，悦洋理解得很对，妈妈真为你高兴！但妈妈要问你一个问题，为什么你今天一整天都不和爸爸说话呢？"

"那是因为爸爸说要带我去海洋馆，但是他没带我去，他不讲信用，我就不愿意和他说话！"悦洋赶紧说出了憋在心里的话。

妈妈说："爸爸突然有事，没能陪你去，这是爸爸没有遵守承诺，是爸爸的错。那你愿意像小镇上的居民原谅霸王龙一样谅解爸爸吗？"

悦洋若有所思地说："我会原谅爸爸的，但我一定要让爸爸保证再也不许说话不算话！"

"悦洋你真棒，你不仅善解人意，而且刚直不阿，妈妈以后就要靠你保护了！"

悦洋拍着小胸脯说："妈妈，放心吧，以后，我就是你的小卫士！"


亲子阅读是父母与孩子情感沟通的方式之一。在阅读过程中，父母可以借着故事中传达的道理引导孩子进行深层次的交流。案例中悦洋的妈妈不仅针对故事内容对悦洋进行了提问，而且还将生活中的实际情况与故事所传达的主旨结合起来，教育悦洋要做一个懂得宽容和谅解他人的人。此外，妈妈还要悦洋做自己的保护者，这样的角色更有利于悦洋与妈妈形成平等的伙伴关系，从而促进他们之间的沟通交流。

当然，亲子阅读只是亲子沟通的一种方式，除此以外，和孩子一起玩游戏、做实验，陪孩子去郊游等亲子互动都可以作为亲子沟通的有效渠道。在亲子沟通中，最关键的是，父母要注意与孩子的互动性，要站在与孩子平等的角度去感应孩子的心理，引导孩子说出心里话。增进亲子互动，促进亲子间的高效沟通，父母可参考如下两点。

### 1. 向孩子讲述童年时期发生的事情

孩子成长中出现的很多问题，作为父母的我们在童年时期也曾出现过。因此，当孩子犯了错误或是心理上出现了不良情绪，父母先不要急着去批评、否定孩子，而要多给孩子讲一讲自己小时候发生的事，告诉孩子"爸爸（妈妈）也曾做过这样的事，小的时候也不认为那是自己的错，但现在爸爸（妈妈）是大人了，知道那个时候是自己做错了，所以你现在不懂没关系，只要能尽快改正过来就是最棒的，等你长大以后就会明白爸爸（妈妈）的话了""不要紧的，爸爸（妈妈）小的时候和你一样，你做得比爸爸（妈妈）要好得多"。这样既理解了孩子的心理，帮孩子卸下心理负担，还能让孩子加深对父母的了解，成为与父母无话不谈的好朋友。

### 2. 和孩子分享你的喜怒哀乐

与孩子沟通，不一定非要谈孩子的事情，还可以和孩子谈一谈我们的情况。例如将我们的工作内容、生活琐事、所思所想以及喜怒哀乐，和孩子像知心朋友一样交流分享。也许孩子未必能够理解你所说的内容，但你给了他了解你的机会，让他知道父母心里在想什么，孩子就会像你一样敞开心扉，把自己的心里话也和盘托出。父母和孩子分享自己的喜怒哀乐，有利于建立良好的亲子沟通关系，即使孩子日后长大成人，父母和孩子也能够像朋友一样交流和沟通。

## 用肢体语言表达爱，让孩子在爱抚中成长

请问各位家长，"爱"孩子的表现是什么呢？

我们照顾孩子，让他们健康成长；

我们努力拼搏，竭尽全力给孩子最好的生活；

我们教孩子知识，让他们懂得做人的道理；

我们以身作则，给孩子做最好的榜样；

……

这些都是爱孩子的表现，可是我们的各种爱真正传达给孩子了吗？我们总是习惯于用语言来表达对孩子的爱，询问他们的冷暖，叮嘱他们注意安全，鼓励他们好好学习……可是孩子呢？有时他们根本无法感受到这种爱的存在，而且由于管教的方式，如批评和约束，还会让孩子怀疑我们对他的爱是否有那么深，久而久之，我们就会失去与孩子沟通的桥梁。

其实，相比用语言来表达爱，肢体上的爱抚更容易被儿童期的孩子感受到。比如5~6岁的孩子，在他们闹情绪的时候，你用言语上的安慰来平复他们情绪的效果是微乎其微的，但是拥抱和亲吻能让他们很快地开心起来。而10岁以上的孩子往往会比较害羞，不太愿意和大人太亲密，这时，我们可

以摸摸他们的头，拍拍他们的肩膀，以此来增进彼此间的心灵沟通。

### 1. 拥抱，孩子的本能需要

彬彬和爸爸一起拼乐高，因为这款乐高对于5岁的彬彬来说有点复杂，爸爸就要求彬彬按照说明步骤把零部件按先后顺序整理好，留给爸爸备用。彬彬找了一会儿可能累了，也可能不想玩了，就对爸爸说："爸爸，我不想找了，太难了！"爸爸说："你还没找完呢，做事情要有始有终，要不然爸爸就不喜欢彬彬了。如果你累了就放在那里吧，我自己来。"

出乎意料的是，彬彬并没有像爸爸想象的那样高高兴兴地跑去玩，而是守在爸爸身边，眼珠眨都不眨地看着爸爸拼乐高，眼神中还流露出一丝不安。爸爸被触动了，并为刚才的出言不慎感到自责，因而温柔地拥抱了一下彬彬，对他说："爸爸最喜欢彬彬了，彬彬就是有点累了，要不然一定会帮着爸爸拼完的。"彬彬这才一脸满足地跑开了。

科学家在研究中发现，每一个年幼的孩子都患有皮肤饥渴症。美国著名心理学家彼得·古帕斯给父母的忠告是，0~3岁的婴幼儿必须要有父母拥抱，因为孩子在婴幼儿期，比较喜欢让家长抱着。此外，多年的临床研究发现，爱抚、拥抱、按摩是对婴儿健康最有益、最自然的一种保健方法。3~6岁的孩子同样很喜欢父母的拥抱。拥抱孩子是一种良好的亲子沟通方式。带有爱意的身体接触，特别是拥抱，对于孩子来说是一种非常重要的生命体验。

## 2. 试着给孩子一个吻

一天，妈妈有事要出去，青青只能自己待在家。妈妈走后，青青无意中发现了针线盒，于是就决定给她的芭比娃娃做衣服。去哪里找布料呢？青青到妈妈的衣柜里左找右找，衣柜里的衣服几乎都被她翻出来，她才终于找到一块粉颜色的布（妈妈的围巾）。她用剪刀将围巾剪成不规则的小长方形，并用小块的布缝成圆筒状，当作芭比娃娃的小裙子。

妈妈一回来，看到满地的衣服，顿时惊呆了。她刚想发火，却看见青青的芭比娃娃穿上了新衣服，于是微笑着对青青说："哇，青青好棒，你给芭比娃娃做的新衣服真是漂亮！等你长大了一定可以做一名优秀的服装设计师。"说完，妈妈弯下腰亲吻了青青。

所谓爱，绝不是简单的物质提供和奖励，更多的是家长给予孩子精神上、情感上的支持和关注。亲吻是爱的一种表现，一个吻看似简单，却隐含了让人惊异的巨大能量。每个孩子都需要安全感，需要情感上的支持，父母不妨多亲亲孩子，让孩子感受到父母浓浓的爱意，从而增强孩子的安全感和自信心。

## 3. 学着拍拍孩子的肩膀

一天放学，腾飞和小伙伴们在小区里骑车玩耍，比谁骑车骑得快。腾飞为了得第一名，从车上站起来骑，一下就比其他人快了好多。骑着骑着，他回头看了看小伙伴，正在他得意之际，车把一歪，他直接撞在一辆停放在小区里的汽车上。汽车的车门处有一点小小的划痕，腾飞想了一下，决定将这件事告诉爸爸。

爸爸听腾飞说完了事情的来龙去脉，站起来轻轻地拍了拍腾飞的肩膀，说："儿子，别怕，回头爸爸去和车主联系。你勇于承认错误就是好样的，爸爸为你骄傲！"

拍拍孩子的肩膀，表示对孩子的鼓励和肯定，也表示父母放下了高姿态，愿意与孩子做朋友。年龄小的孩子，父母可以经常拥抱、亲吻他，但孩子逐渐长大后，就不太愿意与父母亲密了，这时候，父母便可以采取拍肩膀的方式来表达爱。对儿子拍拍肩膀，表示你对他行为或观点的认同；对女儿拍拍肩膀，会让她从中感到温暖和力量。

# 对孩子的兴趣爱好表示支持

　　父母都很爱自己的孩子，但并不是每对父母都懂得欣赏并支持孩子的兴趣爱好，更有甚者，还会对孩子的兴趣爱好进行打压。例如，有的孩子很有舞蹈天分，但是学习成绩不好，家长就会抱怨："蹦蹦跳跳算什么能耐，学习不好有什么用？"殊不知，对孩子的兴趣爱好表示支持是情感式沟通中一种很好的方式。反过来，如果家长带着自身的成见强制孩子终止他的爱好，或是强制他学习某种他并不喜爱的"爱好"，那便是关上了情感式沟通的一扇门。

　　文文是一个文静内敛的女孩，今年9岁了，上小学三年级，学习成绩一直都很好，就是不爱与人交流，只喜欢一个人待在屋子里画画。但是文文的妈妈却很强势，她觉得文文画画是小孩子的心血来潮，而且认为将来以画画谋生也不是件容易的事，所以一直都很反对文文画画，规定文文只能周末才能画画。

　　某个周一的下午，文文利用班会课的时间在学校里提前将作业做完了，回到家的她发现爸妈还没有下班，就偷偷地拿起画板画起来。

下班回来的妈妈看到文文没有在做作业，而是在画画，便气愤地说："你的作业做完了吗？周一到周五不准画画的规定你忘了吗？"

　　一心画画的文文并没有发觉妈妈已经回来了，吓得手抖了一下，画中的小鸟立即有了一只"不正常"的翅膀。"妈妈，我的作业已经做完了，今天的班会课老师没有开班会，留给我们做作业了。"文文低着头，怯怯地说着，眼泪也在眼眶里打转。

　　这时，爸爸也下班回来了，他不用问也知道发生了什么事情，于是对妈妈说："你不能站在孩子的角度想一想吗？孩子有自己的兴趣爱好是好事，而且画画真的很好啊，这说明我们的孩子对美有很好的感知力，我们应该感到高兴才对啊！"说完，爸爸又对文文说："文文，爸爸知道你很爱画画，但是妈妈说你是为你好，是想你将来能够有所作为，你明白吗？爸爸也知道你爱画画，爸爸会支持你的，但你要向爸妈保证，不能把精力全部花在画画上，不能耽误了学习，好吗？"

　　"嗯，我会好好学习的。"文文回答爸爸。

　　妈妈意识到自己的言语太过火了，向文文道歉："文文，妈妈错了，妈妈不应该凶你。画画是好事，以后，妈妈也会像爸爸一样支持你。"

　　案例中的文文就是一名乖乖女，可以想见，平日里的她一定是私底下偷偷画画的。也许就是因为妈妈的强势，她才不愿与人交流，才会总是一个人待在屋子里。多么孤独的文文啊！现实生活中，又有多少孩子像文文一样，自己的兴趣爱好不被父母理解，得不到父母的支持？尊重孩子的兴趣爱好是每位称职父母都应该懂得的道理，这样不仅有利于孩子的健康成长，更能增强亲子之间的情感交流。那么，怎样才能以支持孩子兴趣爱好的方式来增强亲子间的情感沟通呢？

### 1. 对孩子的兴趣爱好进行鼓励

凡是孩子真心喜爱的兴趣爱好，又是对他自己有利的，父母都应该多支持、多鼓励。父母不要因为自己不喜欢某件事情或者自己对某件事情带有偏见而去阻止孩子，这是一种很错误的做法。既然孩子选择的兴趣爱好是正确的，我们做父母的就应该积极培养孩子，在孩子练习的时候，陪在他们的身边，多给他们一些意见和鼓励。需要注意的是，对于不利于孩子身心健康的兴趣爱好，如沉迷游戏等，父母要及时地予以制止，引导孩子培养正向的爱好。

### 2. 努力提高自己的艺术修养

有些父母错过了培养孩子兴趣爱好的机会，使得孩子有的是"音乐盲"，有的是"美术盲"。为了增进对孩子的了解，加强与孩子之间的情感交流，父母可以对孩子感兴趣的方面进行了解和学习，诸如阅读一些相关的书籍，参观展览，观看演出，提高自身的艺术修养，争取给孩子做一个好榜样。此外，父母还可以陪着孩子一起学习。比如，孩子喜欢弹吉他，父母可以让孩子做小老师，自己当学生，让孩子把学到的技艺教给自己。这样既能够巩固孩子的技艺，又能增强他的成就感和自信心，当然，最主要的是有利于实现亲子之间的情感交流。

# 最时尚的情感沟通法——书写爱的"短信"

　　目前，据抽样问卷调查显示，现在的中小学生大多是不愿意与父母进行沟通的，很少有学生与父母经常沟通，即便是偶尔交流，内容也极其单一——谈论学习的问题。调查结果显示，孩子不肯与父母交流的原因多种多样，比如家长的独裁、权威意识、包办思想，对孩子不了解、不理解。事实上，孩子是十分渴望与父母交流的，只不过缺少一种表达心迹的方式。

　　那么，该通过何种方式来实现亲子之间的顺畅沟通呢？

　　父母不妨试一试既传统又时尚的书信交流方式，把一些不便用口头表达的情感以书面的形式，写在信纸上给孩子，这会加重父母表达内容的分量。书信这种用亲笔书写的沟通方式，可以使孩子在情感上产生共鸣，是很多家长容易遗忘的提升亲子关系的渠道。书信沟通既避免了孩子与家长面对面交流的尴尬无措，使父母可以把心里话告诉孩子，也能让孩子清楚父母的想法，同时又保护了孩子的隐私和自尊心，不会让孩子产生心理负担。

　　慕童升入初一后进入了一所寄宿学校，从未离开家的她在寄宿学校中生活得并不顺利。在学习上、生活上、同学关系上，她都显得茫然无措。

所以她第一个月的月考考了很不理想的成绩。第一次尝到竞争失败的滋味，她感到非常苦闷。周末回到家的她有点闷闷不乐，不再像小学时一样活蹦乱跳、吵吵闹闹，而是将自己关在房间里，不愿意跟人说话。

爸爸发现女儿状态不好，为了及时疏导女儿，他决定用书信的方式来对她进行开导。

慕童：

我亲爱的女儿，爸爸知道你现在的情绪很低落，爸爸感觉到了。

慕童，你大可不必因为考试成绩而感到苦恼，这不过是对你这一个月的学习情况进行的检验，没考好也没关系，也许是考试的题目不适合你呢？你是不是觉得初中的课业繁重，压力也大了？这是自然的，随着年龄的增长，你会遇见越来越多的人，会成为越来越多的角色，所以你要学会适应，且必须要适应。你要找到自己，按照自己的方式行进，这是最主要的。你不是喜欢听李健的歌吗？他有一首歌叫《向往》，其中一句歌词写得多好：我知道并不是耕耘就有收获，当夏天过去后，还有些花未曾开放。这句歌词你怎么理解？爸爸觉得这是教人要寻找自己，要有关于自身的定位和对于美好事物的努力追求。所以说，慕童，一次没有考好没关系，你要有一颗积极进取的心，争取下次、下下次取得好成绩。你未来的路还有很长，踏踏实实地走好每一步，不要有太大的压力，但也要尽自己最大的努力让自身的能量得到发挥，在这两者之间找到一个平衡点。爸爸希望你是快乐的，相信你一定能够做到这一点，加油！

还有，慕童，你有什么话都可以和爸爸妈妈说，爸爸妈妈很乐意了解你的想法。如果你有什么烦恼或是不好意思开口讲的话，也可以写在纸上，爸爸期待着你的回信。

爱你的爸爸

慕童在收到爸爸的信后，及时地给爸爸写了一封回信，在信中她敞开心扉谈了自己的想法，并重新找回了自信。她还告诉爸爸收到爸爸亲笔写的信很感动，希望以后能经常通过这种方式来和父母交流。

　　对于不能和孩子长时间相处的家长来说，用书信和孩子交流不失为一种好方式。在孩子的试卷上或作业上写几句期待、鼓励的话，写张小纸条或写封或长或短的信，不仅可以简洁方便地指出孩子学习中存在的问题，深情含蓄地提出父母的希望和要求，而且能让孩子深切感受到父母的慈爱，让孩子的心灵时刻充满阳光。这种方式更有条理和说服力，能使孩子细细领会父母的思想。这些书信如果保留下来，也将成为孩子人生中一笔宝贵的精神财富。

　　书信是父母培养孩子、和孩子沟通的一种方式。不同时期、不同状态的孩子，他们的心理状态是不同的。当孩子处于以下时期，如早恋，青春期，犯错、情绪低落时，父母是很难面对面和孩子沟通的，因为孩子的自我保护意识、戒备心和自尊心都很强烈。面对这样的情况，父母就可以采用书信的方式和孩子沟通。书信就好像是一个无声胜有声的心灵交流的使者，使得父母能够把想要说的事情心平气和地表达出来，并从中传递爱的信息，孩子也可以反复地阅读书信的内容，慢慢地领会父母的思想，接受父母的教育。

我国现代作家老舍就喜欢给孩子写信。在信中，他把孩子当作朋友来看待，还经常运用幽默的语言与孩子开玩笑。这样，他与孩子之间的关系就非常融洽，孩子们也愿意把他当成自己的朋友，在他面前自由地说话。这样的沟通方式是值得广大家长学习和借鉴的。

第五章

平等式沟通——平等对话，
帮孩子建立自信

## 弯下腰交流，蹲下来沟通

　　亲子沟通中最讲究的是平等和真诚，和孩子弯下腰交流，蹲下来沟通，会让孩子意识到父母对自己的人格平等的尊重。瑞士教育家裴斯泰洛齐说过，父母蹲下来和孩子说话，不但拉近了与孩子的物理距离，更拉近了与孩子的心理距离。它体现了父母对孩子民主、平等的态度和对孩子的尊重，从而使孩子更愿意听从父母的教诲，接受父母的忠告。弯下腰、蹲下来和孩子交流，对父母来说并不仅仅是一个简单的动作，更意味着父母从内心将孩子看作是和自己一样平等的人，肯定了孩子自身的存在价值。

　　浩浩是一个调皮的小男孩，他无论在什么时候、什么场合都表现得非常顽皮：打小报告，捉弄他人，与父母、师长顶嘴……面对浩浩的这些问题，浩浩的父母喋喋不休地提醒，大喊大叫地命令，有时候实在难以压抑心中的怒火就把孩子痛打一顿。

　　一次，浩浩的妈妈接了浩浩班主任老师的电话，说浩浩在学校与其他学生打架，因此被留在学校写检查，要求家长来学校领孩子。妈妈接完电话当即火冒三丈，决定要好好教训儿子。

在去学校的路上，妈妈突然产生了一个念头，她想：假如打骂儿子一顿，他会长记性吗？之前打他骂他，根本就没有效果，过一段时间还是老样子。于是，妈妈见到浩浩后，并没有发脾气，而是平静地将他带回家。

回到家后，妈妈也没发脾气，反而和颜悦色地让浩浩坐在椅子上，自己则蹲下来给他的伤口处擦药。妈妈一边给他擦药，一边说："浩浩，爸爸妈妈都很爱你，我们很担心你，比起你惹祸，我们更害怕你出事。浩浩，你知道吗？每天一到放学时间，妈妈都盼着你能早点回家……"

浩浩听着听着，声音变得哽咽了，哭着扑进妈妈的怀里："妈妈，我错了，我以后再也不惹事了，不会让爸爸妈妈为我担心了。"

听了儿子的哭诉，妈妈欣慰地笑了。

现实生活中，大部分父母都喜欢用成人的思维方式来看待孩子的行为，孩子稍微有点失误，就对他进行指责和批评，但通常是打也打了，骂也骂了，孩子依旧顽劣。其实，教养孩子最好的办法就是与孩子进行沟通。针对不同的孩子，可以采取不同的沟通方式。面对像浩浩一样顽劣的孩子，父母可以与他进行平等式沟通，使孩子明白：父母非常爱他，并且是尊重他的。这样，孩子就会主动向父母解释自己的想法和行为。

无数事实表明，父母以居高临下的姿态来关心孩子，反而会使孩子产生逆反心理。只有父母转变姿态，像对待朋友那样关爱孩子，才有可能让孩子感受到平等。父母蹲下来和孩子说话，孩子与父母才有可能实现真正的平等交流。父母与孩子进行交流时，如果能蹲下身子，与孩子保持在同样的高度，往往会收到意想不到的效果。对父母而言，一个下蹲动作是简单易行的，但对于孩子来说，意义却非同一般，因为他们能感受到父母的尊重和平等对待。

蹲下来，这一步很关键。因为不管孩子的想法对错、有无道理，父母只有从身体和心灵上都放下姿态，蹲下来，学会换位思考，亲子之间才能实现更好的沟通，父母才能更加了解孩子的想法。具体来说，父母应注意以下两点。

### 1. 与孩子说话时，尽量蹲下身体与孩子保持同一高度

很多父母总是喜欢把自己放在长者的高度上教育孩子，这会让孩子很反感。现在的孩子逆反心理很强，父母越是强硬命令，他们就越是和父母唱反调。如果父母能蹲下身体，把孩子放到与自己平等的地位上，然后与他们共同探讨需要解决的问题，孩子大多是乐于接受的。站在孩子的高度，用与他们平等的眼光看问题，这样就很容易了解孩子，很容易和孩子成为志同道合的朋友，从而结束亲子沟通中的对抗状态。

### 2. 与孩子说话时，要站在孩子的角度看问题

孩子就是孩子，他们与成人看待事物的角度是不一样的。孩子为什么这么说，为什么这么做，必然有他的理由，父母不能拿成人的标准要求孩子的行为。对待同一问题，父母和孩子可能会有不同的看法，父母想要孩子怎样做的时候，首先应当倾听孩子的意见，站在孩子的角度上看问题，然后根据实际情况和孩子一起做出最有利的决定。

# 放下高高在上的家长姿态

可能是受"父为子纲"的封建意识的影响，中国的很多父母与子女之间很少存在平等对话。所以尽管"父母与孩子在人格上是平等的"这个观点提倡很多年了，但实际应用的效果并不乐观。著名文学家鲁迅先生认为，教育孩子最重要的三个方面是"给我理解""视我平等""让我自立"。也就是说，父母只有抛弃高高在上的权威和架子，真正平等地对待孩子，孩子才能拥有与父母做朋友、说出心里话的机会。

"妈，我不想学小提琴了，我根本就不适合。而且学这个也浪费了好多学习其他东西的时间。"华远对又准备给他报辅导班的妈妈说出了自己心中的想法。

"不学怎么行？都学了两年了，放弃岂不是可惜了？继续坚持，哪有什么行不行的，坚持下去就行了！"妈妈说道。

"可是……"

"可是什么？拉小提琴可以提高你的艺术修养，赶明儿参加比赛，上电视，妈妈得多有面子啊！"还没等华远说完，妈妈就打断了他。

　　"我就知道，你给我报那么多特长班、辅导班，表面上是为我好，实际上是为了您自己的面子！"华远气冲冲地对妈妈说。

　　"你说什么？我花钱给你报班，你竟然这么说我？"

　　"事实就是如此，你从来都不关心我真正喜欢什么！"华远委屈地哭了。

　　当父母和孩子在某件事上发生争执时，父母总是要求孩子按照自己的意愿行事，甚至会用威胁的手段来强迫孩子改变主意。"我这都是为你好""我吃过的盐比你吃过的饭还多，听我的错不了""我生了你，你就得听我的"……这些看似很有道理但又不太讲理的说辞是最令孩子反感的。虽然父母把孩子带到了这个世界上，但孩子从出生那一刻起，就已经是一个独立的个体，他们有自己的想法，不喜欢被别人束缚。孩子如果得不到应有的尊重，就没有与父母平等对话的机会，所以只能被动地接受父母的管束，有话不能说，有意见不敢提，久而久之他们连自己的想法也不愿与父母分享。

　　在父母眼中，孩子永远都是孩子，总有着不理智、不稳重的表现。当遇到问题时，父母可以先问问孩子是怎么想的，然后再帮孩子分析问题，教他们如何做出正确的选择。但是这样的帮助并不意味着包办，而是在尊重孩子的基础上给孩子适当的指导。父母只有放低姿态，以平等的心态对待孩子，孩子才会感到遇到了自己信得过又尊重、理解自己的人，才会敞开心扉、无所不谈。

### 1. 不把自己的意志强加给孩子

　　现在的孩子大都是独生子女，为了不让孩子输在起跑线上，父母给孩子报各种特长班，可谁真正征求过孩子的意见？这些父母的意志让孩子成为报班专业户、学习的"奴隶"。中国的家长太喜欢包办代替，操心受累之余还会说："我这么替他操心，我容易吗？"孩子不但不领情，反而加剧逆反心理。尤其是进入青春期的孩子，他们更愿意固守自己的意志而拒绝家长的好心安排。

### 2. 要让孩子充满自信

对孩子的失败不要一味地指责，要多提建设性的意见，多鼓励孩子。要善于发现孩子的闪光点，并让孩子认识到自己的优势。对于孩子某些方面的不足，要激励孩子，告诉孩子只要努力就能成功。

在父母和孩子的交流和沟通中，父母只有放下架子，不把自己的意志强加给孩子，真诚、平等地和孩子进行沟通、交流，才能赢得孩子的理解和信任。这样一来，孩子才会主动地按照家长的愿望，尽力做好自己该做的事情。

### 3. 放弃以往居高临下的姿态

父母应当抛弃高高在上的家长姿态，和孩子像朋友一样交谈。要给孩子发言的机会，孩子说得有道理时要尊重孩子的意见，采纳孩子的建议，让孩子有一种被尊重的感觉，有一种成就感，这样孩子心里才会产生真正的平等感，才会感到自己被尊重，才愿意向父母敞开心扉。父母要学会当一个好听众，因为很多孩子都认为自己已经长大了，可以自己拿主意了，不愿意再被父母训导。所以父母应表现出对孩子的意见或建议很感兴趣，成为孩子倾诉的对象。最重要的是，父母要多陪陪孩子，并经常与孩子谈谈心，孩子只有在良好的环境和氛围下才能和父母成为无话不谈的知心朋友。

平等，体现在生活细节上

在现实生活中，有的父母总是持"我是家长，你必须要听我的"的不合理的教养观念，父母总是高高在上，从不平等地与孩子坐下来好好地谈一谈。孩子不知道父母对他们有什么样的要求，父母同样也不知道孩子有什么样的想法，亲子之间缺乏理解和沟通，从而造成家庭种种矛盾的产生。

君子之交讲究真诚，亲子之间也要讲究平等。所谓平等，是既不把孩子放在高高在上的位置上，也不让孩子被迫接受父母的管制，而是要让父母与孩子处于平等的位置上。而且，亲子之间的平等，绝不仅仅是口头上的表述，更要体现在生活的细节当中。

### 1. 平等，就应该把孩子当成独立的人来看

鸿鸿有什么好东西总愿意和小姑分享，爸爸对此"颇有微词"："什么东西都要给小姑吃，爷爷奶奶要尝尝都不给，爷爷奶奶白疼你了。"其实，鸿鸿原来是很大方的，有好吃的都愿意和爷爷奶奶分享。但爷爷奶奶却经常逗他："好吃的也给爷爷奶奶分点啊！"鸿鸿的手马上递过去，他们

又赶紧说："逗你玩的，爷爷奶奶不吃，你自己吃吧！"几次之后，鸿鸿就不再当回事了。但是小姑就不一样，当鸿鸿把食物分享给小姑吃时，小姑会道谢并真的与他分吃，还夸他的东西好吃。这样一来，鸿鸿自然乐意与小姑分享食物了。

孩子的心是简单的，大人说什么孩子就会信什么。所以，作为父母及长辈，最重要的是要尊重孩子，将孩子作为一个独立而平等的人来对待。生活中有很多看似是爱抚孩子的无意之举，实则都是将孩子当成小玩偶戏弄，是不尊重孩子的表现。

把孩子当成独立的人要体现在生活的细节当中，比如召开家庭会议时，也让孩子行使表决权；给孩子报兴趣班之前，要征询孩子的意见；大扫除时，也给孩子分派任务。这样才能让孩子从小就懂得承担责任。

### 2. 平等，就是遇到事情要与孩子多商量

有些父母认为，孩子年龄小，不懂事，没必要跟他讲那么多，而且，孩子知道了也起不了作用，不如让他安安心心地生活。还有些父母认为，孩子的事情就应该父母替他做主。其实不然，如果遇到什么事情，父母不跟孩子商量，渐渐地，孩子不仅会失去与父母沟通的意愿，而且会认为自己在父母眼里是被看轻的人，从而养成冷漠、自私的性格。

遇到事情多与孩子商量和讨论是尊重孩子的表现，孩子能从中感觉到自己备受父母的重视，从而说出自己的想法。此外，帮助父母解决问题或分担压力会让孩子建立强烈的使命感，有利于孩子成长为独立而坚强的人。

### 3. 平等，就应该真诚地向孩子承认错误

常言道，人非圣人，孰能无过。谁都会犯错，父母也有做错事情的时候。在家庭里，许多父母常常将自己定位为高高在上的统治者，在某种情况下不得不向孩子道歉时，父母往往很少进行自我批评，更多的是借题发挥，甚至还以批评孩子告终。这种道歉的做法不过是打着道歉的幌子对孩子进行变相的责备，这是不平等的亲子沟通中很常见的现象。

当父母对孩子产生误解的时候，应该放下高高在上的姿态，真诚地向孩子道歉。这样既能解除彼此心中的不快，也有助于父母与孩子之间的沟通，还能让孩子从父母的态度中养成对自己的言行负责、知错能改的好品德，增加孩子对父母的敬重。所以，父母要有一种气度和胸怀，在错怪孩子的时候，及时、真诚地向孩子道歉。

## 尊重孩子的想法，跟孩子一起探讨交流

尊重，是一切人际交往的基础。亲子沟通同样需要以彼此尊重为前提。很多父母在与孩子说话的时候，面对孩子千奇百怪的想法，不是呵斥孩子"你在瞎想些什么，别胡说了"，就是对孩子的话置之不理，当成没听见一样就过去了。这些都是不尊重孩子的表现。等到孩子渐渐长大，自主意识逐渐增强，父母对孩子缺乏尊重会导致亲子关系更为紧张，更不利于亲子沟通的进行。

面对多姿多彩的世界，孩子会有很多奇思妙想，他们会问一些无厘头的问题，也会做一番没道理的辩解。这时候，父母应该怎么做呢？首先父母要认真倾听孩子，尊重孩子的想法，然后与孩子共同探讨问题，让孩子在亲子沟通中进一步加深对世界和自我的了解。

倩倩是一个古灵精怪的女孩，口才也非常好，小嘴巴一天到晚地说个不停。很多妈妈对倩倩妈妈说："你看看你们家倩倩多让人省心啊，活泼开朗，那小话说的，谁听了都像喝了蜜似的，有这么个女儿，你可真是有福气。"

"哎呀，你们看到的都是表面现象。倩倩只要一到家，学校里发生了

什么事情，她都要和我絮叨个没完！有时候我觉得她说得不对，批评她一句，她至少用十句话来反驳我。你说我在单位工作一天已经很疲惫了，回到家还要和她进行辩论，我累不累？"倩倩妈妈无奈地说道。其他妈妈纷纷表示："你这是身在福中不知福。"

晚饭时，妈妈问倩倩："倩倩，这次考试怎么又退步了呢？上次退了三名，这次又退了两名，这是怎么回事？"

"妈妈，成绩看上去是退步了，实际上我是进步了哟！"倩倩乐滋滋地说。妈妈没有回应倩倩，但倩倩看到妈妈脸上不悦的神情，又难过地说："既然您不愿意听，那我就不说了吧。"

妈妈意识到自己无奈的情绪被倩倩察觉了，于是赶紧调整情绪，面带微笑地问倩倩："妈妈想听，你能跟妈妈仔细说说你哪里进步了吗？"

倩倩这才说道："您想想，我之前写作文都会被扣掉7、8分，这次才扣了2分，这是不是进步啊？还有英语作文我得了14分，只被扣了1分，这是不是说明我的写作能力进步了呢？至于成绩为什么会下降，我觉得主要是有两道数学题都算错了，只要我下次认真一点就好了。"

"嗯，作文进步了是值得表扬的，但在下次的数学考试中，你一定要认真、仔细一点，不要再以马虎算错了为借口，这不应该成为你成绩下降的理由，知道了吗？"

倩倩点头答应，说："我以后会注意的。"

即使妈妈有一点情绪上的变化，倩倩也能够敏锐地察觉到。幸好，妈妈及时调整自己的情绪，给了倩倩自由表达的机会，让她得以分析自己这次考试进步的地方。在倩倩的分析中，有正也有误，对此，妈妈做到了该肯定的肯定，该提醒的提醒，这对倩倩的成长进步有很大帮助。试想，如果妈妈强势地对倩倩说"退步就是退步，还有什么好说的"，那么一定会挫伤倩倩的信心，倩倩也不会将自己的分析结果告诉妈妈。

在和孩子交流的过程中，父母应该用真诚的态度对待孩子，尊重孩子心中的想法。父母只有给予孩子足够的尊重，耐心倾听孩子的心声，鼓励孩子多多表达，才能够加深亲子间的沟通，真正平等地与孩子交流。

## 真正平等的沟通，是建议而非命令

　　身为家长，我们一定不会对这样的情况感到陌生：你刚说完"做作业的时候把头抬高一点"，孩子就将头抬得更低；你越是说"快起床把饭吃了"，孩子越赖在床上不起；你越是苦苦哀求"别闹了，消停一会儿不行吗"，孩子却闹腾得更欢……之所以会出现这样的状况，是因为孩子对父母简单粗暴的命令感到反感，于是用一种极端的方式和父母唱反调。在这种情况下，如果父母能够以建议的方式委婉地说出自身的想法，孩子也许更容易接受，更乐于采纳。

　　可实际生活中，有多少父母会用建议的方式与孩子进行沟通呢？大多数父母都会说自己很尊重孩子，不会干涉孩子的事情，可一旦遇到大事，需要做出选择时，便马上独揽大权，而且还会说"孩子年纪小，我们这么做都是为了他好"。其实，越是重大的决策，父母越要听取孩子的意见，因为孩子已经具备了一定的思考能力，基本上能够做出理性的选择。当父母代替他们做的决定令他们不满意时，他们一定会产生抱怨。而如果父母能够给出中肯的建议，最终让孩子自己做出选择，那么不管结果怎么样，孩子都不会有半点怨言。而且，经常做决定的孩子会更加独立和坚强。

亲子沟通中，父母要对孩子多一些建议，少一些命令；多一些引导，少一些控制。这样的话，孩子才会愿意和父母沟通。这时，父母再根据孩子的言行提出自己的看法，真诚地表达对孩子的担忧和期望，孩子便会加深对父母的理解，由此便可实现高效的亲子沟通。

　　辰轩正在做作业，写着写着，头不自觉地又低了下去。妈妈看到这一幕后很担忧，可是想起自己之前的训斥和命令都适得其反，于是决定要换一个角度，站在儿子的立场上考虑问题。

　　"辰轩，是不是有很多作业没做完呀？"

　　辰轩点了点头。

　　"妈妈看你写得累了，连头都低下去了，要不要先休息会，换换脑子吧！"妈妈提议道。

　　"不用了，我还是继续写吧！一停下来就更不愿意写了！"辰轩无奈地说。

　　妈妈摸着辰轩的头说："那妈妈建议你在做作业的时候把头抬高一点，因为低着头不但对视力不好，而且还影响身体发育，妈妈希望你长大以后成为身材挺拔的帅气男生。不过，你要是太累，坚持不住，妈妈可以给你买一个背背佳，你觉得怎么样？"

　　辰轩用手托着脸颊想了一下，对妈妈说："妈妈，不用背背佳，我也能坐直，把头抬高了做作业，不信你看着我？"

　　"好啊，妈妈陪着你！"妈妈看着辰轩自信的样子，欣慰地笑了。

　　辰轩在妈妈的陪伴下，端坐在写字台前认真地做起了作业。

　　由于妈妈站在辰轩的角度想问题，不再用命令的语气要求孩子，并且因势利导，所以这次沟通取得了很好的效果。孩子大了，有自尊心了，当他们感受到父母的尊重时，自然而然地就会遵从父母的建议行事。一般来说，在孩子的成长过程中，父母应是孩子的老师、顾问，而不应是指挥官、操纵者。对于孩子的行为，父母应该以建议的方式引导，而不是强制性地命令、控制。

父母一定要考虑孩子的意愿和想法，不能将自己的意愿强加在孩子身上。也就是说，父母不应该先制定一个规则，然后再通知孩子遵守，而应该采用询问的方式，了解孩子的想法和意愿。无论父母的想法多么正确，也不要从说教开始对孩子进行教育。父母这样的做法一开始可能没什么问题，但随着孩子越来越大，孩子会意识到自己每次都按照父母的想法去做事，因而表现出不快的情绪。

所以说，要想培养出优秀的孩子，父母就应该从生活中的细节做起，积极地引导孩子，而不是命令孩子。那么，父母应该怎么做，才能改变命令式的说话方式呢？

### 1. 站在孩子的角度看问题

父母应该学会站在孩子的角度看问题，了解孩子心中所想，才不会对孩子提出苛刻的要求。父母在帮助孩子做事前，应该留心体会孩子的言行，争取与孩子进行默契的交谈。正如家庭教育专家卢勤所说，"与其用命令的方式对孩子指东指西，不如蹲下来和孩子好好说话"。如果父母能够站在与孩子相同的角度看问题，而不是强硬地命令，孩子自然会乐意听从父母的话。

### 2. 放下家长的权威，听听孩子的想法

父母应该放下家长的权威和架子，做到真正地尊重孩子，丢掉以往将自己认为好的东西强加到孩子身上的做法。父母要站在孩子的角度进行考

虑，想一想自己的建议对孩子来说是不是真的好，在弄清孩子心里的想法之后再向孩子提出建议，同时把自由选择的权利交给孩子，让孩子自己选择接受或者拒绝。

如果父母与孩子之间产生冲突，父母不妨换位思考：如果有人不尊重我，还要我听他的话，我会是什么感受呢？通过这样的换位思考，父母就能更深入地了解孩子的行为和想法。

就事论事，不要全盘否定孩子

请仔细回忆一下，日常生活中，你有没有和孩子说过这样的话？

"你看！教过多少次了，还写错！真够笨的！唉……"

"你看看你画的这是什么东西？真是没一点天分！"

"不可能啦！我家的孩子几斤几两，我还不知道吗！他是不可能考上好学校的！随便读啦，反正又不是读书的料！"

以上这些是习惯否定型父母常对孩子说的话。有些父母认为，挑孩子的毛病、否定孩子能够让孩子及时发现自身的不足，孩子改正以后会越来越优秀。殊不知，父母的否定对孩子来说是一种严重的心理负担，孩子会在"我是罪恶的""我是无能的"的自我谴责和自我否定的过程中逐渐形成自卑的心理。比如，当一个男孩因为挫折而伤心难过时，父母告诫他"哭是不好的，男儿有泪不轻弹"。如此反复的结果便是孩子变得喜怒不形于色，甚至干脆变得冷酷、冷漠，从掩饰、逃避自己内心的感受，发展到自我封闭，让自己变成一个冷漠、僵化、呆板的人。

8岁的雨馨非常喜欢唱歌，没事的时候就会怡然自乐地放声高歌。一天，雨馨正在唱歌，爸爸突然说："乖啊，快去把窗户关上，别让邻居家听见了，唱的都没调！多难听啊！"雨馨"哼"了一声，继续唱了起来。

"你五音不全，咱家就没有一个唱歌好听的。"爸爸又补充了一句。

雨馨伤心地说："爸爸，我唱歌真的不好听吗？"爸爸皱着眉头，摇了摇头。雨馨难过极了：什么是五音不全？我不知道。但是，我知道我唱歌很难听。

一次，学校组织合唱比赛，班级里除了雨馨，其他小朋友都参加了。老师问雨馨："雨馨，你怎么不参加合唱团呢？"雨馨低着头说："我爸爸说我五音不全，唱歌难听，所以我不想再唱歌了。"

看到雨馨难过的样子，老师安慰地说："怎么会呢？爸爸肯定是不懂得欣赏，老师就很喜欢听你唱《好妈妈》呀，你唱得特别有感情，特别好听。"

"真的吗？我唱歌真的好听吗？"雨馨难以置信地问老师。

"嗯，是的。老师认为你唱歌很好听。"老师肯定地回答。

放学后，老师特意与雨馨的爸爸对此事进行了沟通。爸爸惭愧地说："谢谢老师的提醒，以后我一定注意说话的方式，不再完全否定孩子。"

在老师的鼓励下，雨馨重拾自信，参加了合唱团，回到家以后更喜欢在家人面前放声练歌了。

如果不是老师及时发现雨馨不敢唱歌的原因，有可能雨馨这一生都不敢再放声歌唱了。对于一个孩子来说，这将是一件多么遗憾的事啊！

父母一定要认真对待孩子的一切事情。随着孩子逐渐长大，他们的自我意识越来越强，对身边的事情也逐渐有了自己的看法。当孩子想对一件事情做出评判或是选择时，不管他们的想法多么幼稚、多么荒唐，父母都不要进行全盘否定。让孩子自己去经历、去体会，难道不比父母的全盘否定更好吗？

在家庭教育中，不让孩子在否定中成长，让孩子得到更多的肯定和激励，是现代社会对每对父母的要求。明智的父母绝不会全盘否定孩子，而是与孩子进行平等沟通，委婉地提出建议，这样既不会导致孩子产生逆反心理，也能保护孩子的自尊心和自信心。父母与孩子进行平等对话，不全盘否定孩子，可以参考以下两点。

### 1. 否定孩子做错的地方，但不否定孩子本身

许多孩子的自卑或是叛逆心理都是家长一手造成的。比如，孩子学习成绩不好，就被说成"猪脑子""笨家伙""不是学习的料"；孩子吃好吃的没有与长辈分享，就被说成"白眼狼""太自私"；孩子没有和人打招呼，就说孩子"不礼貌""不懂事"……孩子有时候做错事情，并不代表孩子毫无可取之处。父母不能因为一点小错误就彻底否定孩子，更不能对孩子进行人身攻击。父母应该就事论事，指出孩子做得不对的地方，鼓励孩子下次不再犯类似的错误。

### 2．否定孩子之前，先确认是否接纳了过去的自己

有的孩子明明很优秀，但在父母的眼里却远远达不到自己预期的高度。这是为什么呢？因为父母不认同自己，不接纳自己，所以很难从根本上认同自己的孩子。父母也是从孩子成长为大人的，父母在成长过程中也会遇到各种各样的问题，形成各种各样的心理，这些问题和心理特征会随着孩子的成长而凸显出来。因此，父母不断地否定孩子，很有可能是在否定自己心中那个未成年的自己。孩子不是父母的复制品，是独立于父母之外的另一个人，父母应该采取恰当的方式来接纳、修复过去的自己，而不应将潜藏在心中的情绪暗暗地投射在孩子身上。

第六章

同理心式沟通——换位思考，
培养孩子好的性格和价值取向

## 爱玩是孩子的天性，孩子要玩着教育

　　爱玩是孩子的天性。对于孩子来讲，玩就像水和空气一样，是必不可少的。父母也是从小玩着长大的，所以给孩子足够的时间玩耍，在玩耍的过程中与孩子进行沟通是同理心式的沟通中不错的方式。

　　玩是一件非常放松而享受的事情，孩子可以从玩耍中得到许多新的体验，还能帮助他们建立认知。如果父母意识到这一点，便可以在游戏时光中与孩子进行无障碍沟通，这样既能增进亲子之间的关系，又能促进孩子的健康成长。

　　因父母都是"上班族"，所以就把4岁的女儿亦双交给奶奶照顾。亦双很喜欢自己玩，她常玩的游戏有过家家、打扮洋娃娃、魔法变身等。

　　一个周末，妈妈在家休息，认真观察了亦双自导自演的游戏，发现她居然是在模仿自己的日常活动：早起洗漱、吃饭、穿衣打扮、匆匆忙忙上班……甚至她会边穿衣服边拿东西，嘴里还念叨着："亦双，在家里好好和奶奶玩，等妈妈回来给你买你爱吃的乳酪面包……"亦双的表情和语气让妈妈看到了平日里的自己，妈妈看着看着，心里不觉一阵心酸：自己平日里总是在忙工作，根本无暇顾及孩子的感受。

"亦双，妈妈和你一起玩游戏，好吗？"妈妈试着加入亦双的游戏。

"好呀！但是我要当妈妈，妈妈要当亦双！"亦双眨着大眼睛说。

"嗯，可以，妈妈当孩子，那我们现在开始吧，'妈妈'？"妈妈很快就入戏了。

"巴啦啦能量——呼尼啦呼——变！"亦双旋转着身体，挥动着手臂，口中还说着"咒语"，"现在，我变成'妈妈'啦！过来，'亦双'，'妈妈'摸摸你的头。"亦双学着妈妈的样子，用小手认真地摸着妈妈的额头。

妈妈配合着亦双："我的头好痛，还有点咳嗽，怎么办啊？"

"没关系的，'亦双'不要怕，'妈妈'给你打一针就好了。"亦双假装在妈妈手臂上扎了一针，"现在好了，'妈妈'再给你做点好吃的巧克力饼干。"说着，亦双用橡皮泥捏了起来。

"哇！我最喜欢吃巧克力饼干了，谢谢'妈妈'。"妈妈开心地说。

亦双说："不客气，你要是喜欢，'妈妈'就给你做好多好多饼干。"

就这样，妈妈认真地配合着亦双，两个人玩了一下午。

只有在游戏中，父母才可以与孩子进行真正的角色互换，孩子都有着很强的幻想能力，所以他们能够很快地进入角色。这时候，你会发现孩子不一样的一面，会发现他们富有同理心，想要照顾别人，积极努力地思考，想要拥有和父母或是影视作品里的角色一样的能力……父母在和孩子一起游戏的时候，可以利用游戏中所需要的情节对孩子进行因势利导的沟通，这样既能让孩子在轻松愉快的氛围中获得许多知识和感受，也避免使孩子由于缺少同伴而产生孤独感。

关于父母与孩子在游戏中沟通的方法，下面总结了两点，希望能够对家长们有所帮助。

### 1. 嵌入故事

父母可以把具有启发性或是有教育意义的小故事嵌入与孩子玩耍的过程中，让孩子感悟故事中蕴含的道理或体现的品质，例如知错就改、谦卑礼让、坚强乐观等。等到游戏即将结束的时候，父母要试着与孩子交流，看看孩子是否领略到故事中传达的主旨。如果孩子没有感受到，父母就要耐心地启发孩子，引导孩子主动进行思考。

### 2. 总结心得

父母在与孩子玩耍过后，要让孩子总结心得体会。比如和孩子做完"老师教同学"的游戏后，父母可以根据孩子当小老师的体验，对孩子提出一些建设性的问题，例如："你长大要做一个什么样的老师啊？是严厉的，还是友爱的？""你觉得老师是不是要比学生掌握更多的知识呢？"这样的提问能够引导孩子进行深度思考，对孩子的成长有很大帮助。

#  角色互换，让误解在沟通中消除

俗话说，"知子莫若母"，可如今很多母亲都在感叹："我家的孩子真是不懂事，根本不知道我在想什么，我每天辛辛苦苦的还不是为了他，他却一点也不理解。"同样的，现在的孩子也在抱怨父母："他们总是说为我好，处处管着我，这样到底是为了我好还是为了他们好？我需要平等，需要自由，我想做自己真正喜欢做的事情。"其实，代沟之所以会产生，就是因为父母与孩子双方都缺乏对彼此的理解。父母总是先入为主，不管孩子是对是错，直接给孩子做决定、下命令，却忽视了站在孩子的角度想问题。孩子认为父母太古板，不尊重自己，也就无从体会父母的良苦用心。

放寒假了，社区里组织了"亲子角色互换"活动，主办方要求参与活动的父母与孩子双方互换角色，以促进亲子关系。妈妈带着翰翰参加了活动。

周末，妈妈按照规定应该在家中做作业，于是就对翰翰说："今天是周末，我要学习，你要给我准备吃的，不过别担心，你做什么我就吃什么，我不挑食的哦！"

翰翰一听："真的？那我真的去做了！"

结果，他在厨房里折腾半天，终于做了一碗面条。显然，面条已经煮得像面疙瘩一样了。妈妈一句话都没说，一口一口地吃完了。

翰翰不好意思地说："太难吃了，晚上还是妈妈来好了！"

妈妈说："我只要有的吃就行，晚上你接着做吧。"

"啊？还要我来做啊，那你下午干什么？"

"我啊，我的学习任务还没有完成，下午我要继续学习呀。"

"可是我不想做饭了，妈妈。"

"不行，今天你就是妈妈，我们要遵守活动规则。"

傍晚，翰翰又做了一份面条，只不过多加了一个鸡蛋。晚饭时间，他特意将鸡蛋放到妈妈的碗里："妈妈，我知道你的辛苦，你不但要去上班，回到家里还要给我做饭、洗衣服，以后我要帮你做家务，不让你那么累了！"

妈妈听了翰翰的话，很感动："你学习的任务也很繁重，妈妈也会尽力陪伴你，不会给你施加压力，让你轻松快乐地学习。"

这时候，翰翰和妈妈都默默地在心里感谢这次"亲子角色互换"活动。因为通过这次活动，翰翰知道了妈妈的辛苦，妈妈也体会到孩子的不易。他们都懂得了替对方考虑，亲子关系更融洽了。

父母和孩子之间许多误解的产生，都是由于双方没有站在对方的角度上考虑问题，而一旦有了角色互换的想法和行动，误解自然会消除。日常生活中，父母不妨与孩子多进行几次角色转换，然后互相说说自己的感受，从而让彼此更有效地理解对方的想法和感受。在亲子角色互换的过程中，如果父母能够静下心来倾听孩子在说些什么，然后站在孩子的角度上替孩子想一想，就会发现孩子并不像大人想象的那样不懂事。

在角色互换的活动中，如何做才能产生更好的沟通效果呢？

### 1. 想象自己回到了童年

父母要想更好地走进孩子的内心世界，不妨设想自己回到了童年时代，将孩子遇到的问题放到童年的自己身上，问问那时的自己是怎么想的，又希望父母如何对待自己。当父母能够用这样的思维去思考时，再面对自己孩子的问题，便会豁然开朗。只有以心换心，以情换情，才能与孩子更加顺畅地沟通。

### 2. 让孩子体会做家长的感受

在教育孩子的时候，父母不妨偶尔将家长的权利交给孩子，让孩子站在父母的角色上思考问题，体会父母的感受，这样的沟通效果会更好。比如，孩子不认真学习，花很长时间打游戏，父母就可以与孩子商量着进行角色互换，和孩子倾诉平日里工作的艰辛，让孩子知道自己即使再累也会坚持工作，使孩子体会到父母的感受。这样做既能帮助孩子认识到自己的缺点，也能使孩子更愿意接受父母的教育。

## 家长要换位思考，理解孩子心中怎么想

前文中我们说过角色互换对于亲子沟通的益处，其实，角色互换的目的就是为了更好地换位思考。当然，不仅仅孩子需要理解父母的良苦用心，父母也应该学会换位思考，理解孩子心中怎么想。生活中，很多父母总是要求孩子理解自己，却从没有想过理解孩子。父母与孩子由于处在不同的年龄、不同的位置、不同的角度，常常会有不同的心理反应与感受。如果父母能运用同理心，理解孩子的内心感受，孩子自然会产生想要和父母沟通的欲望。

但多数情况下，人们总是习惯从自己的角度出发思考问题，即使在面对我们心爱的孩子时，也很难完全站在孩子的角度思考问题。然而，要想与孩子进行良好的沟通，我们必须竭尽全力，对孩子多一分理解与体谅。很多时候，亲子沟通之所以难以进行，就是因为我们不知道孩子心中的想法。如果父母能试着理解孩子，也就打开了一条亲子沟通的通道。

伊涵是一名小学五年级的学生。近来，她和妈妈之间时常发生"战争"。一天晚上，伊涵回家说要参加长跑队，妈妈一听就火冒三丈，连珠

炮似的说："跑步有什么用？你一个女孩子跑什么跑？现在的学习任务那么紧张，再有一年你就要上初中了，要是时间充裕的话就多看看书，做做题，多考两分就多了一点考上重点中学的希望啊！"

听了妈妈的话，伊涵的火气也蹭地上来了，对着妈妈喊道："分分分，张嘴闭嘴就是分。就算我是超人也不能一天二十四小时学习啊！我看我也别吃饭，别睡觉了，多浪费时间啊，我就应该一直学才行！"

妈妈伤心地看着伊涵，一言不发。

爸爸下班回家看到母女对峙的场景，便问发生了什么事。妈妈一五一十地把争吵经过跟伊涵爸爸讲了一遍。他想了想，诚恳地对妈妈说："我说这话你可别生气，换作你是孩子，你也不能二十四小时光学习啊！报个体育特长队，业余时间跑跑步，锻炼锻炼身体，劳逸结合，反而能提高学习效率呢。"听了伊涵爸爸的话，又想了想伊涵，妈妈面有愧色地说："也许我对伊涵的要求确实有点高了，这对她来说不是动力，而是压力。"

第二天早上，妈妈在餐桌上心平气和地对伊涵说："伊涵，妈妈昨天说的话有点过了。结合你爸爸的建议，我决定同意你加入长跑队。妈妈相信你会合理地安排学习时间，劳逸结合的！"

听了妈妈的话，伊涵说："您放心吧，我一定不会因为跑步而耽误学习的。老师说'身体是革命的本钱'，我也是想通过锻炼拥有更强壮的体格，这样学习起来才能事半功倍。"

原来，伊涵心里是这么想的，如果不是爸爸的换位思考，妈妈与伊涵的关系可能会继续僵持下去。

在这个案例中，妈妈之所以一听到伊涵要报长跑队就火冒三丈，原因就是妈妈在开始时不知道孩子的心里是怎么想的。如果妈妈能给伊涵机会，让她说出自己的打算，那么妈妈一定会理解她的，也会支持她用跑步来强身健体的做法。由此可见，作为父母，应该尊重孩子，学会换位思考，与孩子进行平等地交流，了解孩子内心的真实想法。

父母要想做到和孩子平等交流和同理心沟通，换位思考不仅十分重要，而且十分有效。那么，父母怎样才能做到换位思考呢？

### 1. 不要以成人的眼光看待孩子

孩子的眼光和成人的眼光是不一样的，成人多习惯于用实用主义的眼光看待事物，只有涉世未深的孩子才会用梦幻的、有趣的思维去感知世界。不以成人的眼光看待孩子，简单地说，就是用孩子的视角看待孩子，看待孩子成长过程中遇到的问题。如果父母想要理解孩子的内心想法，就要用同理心去体会孩子眼中的一切，只有这样才能正确地引导孩子，增强与孩子的沟通，进而促进亲子之间的无障碍交流。

### 2. 了解、接受孩子的新想法

孩子与父母看待问题的角度不同，看法自然也不同。父母要允许孩子有新想法、新思维、新做法，父母不能理解和接受的，不一定是错误的。事实上，作为父母，不一定非得要求孩子按照自己的思路行事，尤其是孩子自己的事情。孩子有他独有的生活圈，有自己的爱好，父母应该给孩子一定的空间。当然，父母也要学会向孩子表达自己的想法，希望孩子也能站在父母的角度来想问题，理解父母的想法。

# 谁都会犯错，教会孩子弥补错误的方法

在这个世界上，没有任何一个孩子在成长的过程中是不犯错误的。当孩子犯错误以后，父母千万不要揪着错误对孩子大加斥责或是不停地说教，这样只会产生相反的结果，而且不利于亲子沟通的进行。

尽管很多父母为了更好地教育孩子会看一些育儿方面的书籍，并从中学习一些与孩子沟通的方法和技巧，但一遇到实际情况，还是会回到老路上去：警告、挖苦、责骂……

美国儿童教育家海姆·吉诺特曾说过："惩罚不能阻止不良行为，它只能使罪犯在犯罪时变得更加小心，更加巧妙地掩饰罪行，更有技巧而不被察觉。孩子遭受惩罚时，他会暗下决心以后要小心，而不是要诚实和负责。"所以说，在孩子犯错误的时候，父母应做的是引导而不是惩罚，即运用同理心与孩子进行沟通，教会孩子弥补错误的办法。

在孩子犯错误的时候，只有让孩子认识到自己的错误，并勇于改正错误，孩子才能健康成长。有时候，虽然孩子认识到了自己的错误，却由于某种原因并不去改正自己的错误。这时，父母不妨引导孩子进行换位思考，让孩子设想，假如自己是那个受伤害的人，自己会是什么感觉呢？通过换位思考的方法，能够让孩子摆脱以自我为中心的不良想法，站在他人的立场去思考问题，理解他人，尊重他人。

　　瑶瑶是一个很招人喜欢的女孩，可就是有点淘气，经常搞出一些让大人哭笑不得的事情。一次，妈妈带瑶瑶去舅舅的新家做客。一进门，瑶瑶就看到挂在窗台边的小鸟。"舅妈，这两只小鸟好可爱啊，我好喜欢！"

　　"是吗？你要是喜欢的话，舅妈就把它们送给你，然后舅妈再到姥爷家要两只，姥爷家有很多鸟呢！"舅妈说。

　　"你别听她的，她就是三分钟热度，要是带回家她也就不喜欢了。"妈妈对舅妈说。

　　瑶瑶赶紧反驳："才不是呢，我会好好爱它们的，我会给它们喂吃的，还要给它们唱歌。"

　　"啊，既然瑶瑶这么说，舅妈决定把这两只小鸟送给你，相信你一定会好好照顾它们的。"

　　瑶瑶兴奋地跳了起来："耶，谢谢舅妈。"

　　等回到家，瑶瑶真的认真地安置起"小鸟的家"，她把妈妈养在阳台上的花都搬到客厅，然后把鸟笼放在花的中间，等完工后又蹲在鸟笼面前和小鸟说话。妈妈见她这么喜欢小鸟，就没打扰她，先去洗澡了。等妈妈洗完澡出来一看，客厅里原本洁白的墙面被瑶瑶用画笔画了很大的一片。

　　瑶瑶看到妈妈出来了，高兴地对妈妈说："妈妈，看我为小鸟画的太阳和森林，好不好看？"

　　妈妈看到瑶瑶兴奋的表情，放弃了责备她的想法，耐心地对她说："你画得好，小鸟会感谢你的，因为阳光和树林正是它们所爱的。不过，你却犯了一个错误。你看，墙壁本来是洁白干净的，但你却用画笔在它上面画了画，你想，你这样做墙壁会开心吗？墙壁会非常难过的，所以以后不要在墙上画画了，应该在纸上画，在纸上画，小鸟一样能看到啊，而且还能画很多很多，不是吗？"

瑶瑶看着墙面，惭愧地对妈妈说："妈妈，我不应该在墙上画画。"

"妈妈知道你不是故意的，所以妈妈不怪你，但是你要帮妈妈把墙壁清理干净，好吗？"

"好啊，我要把墙壁擦得比之前还要干净。"瑶瑶拍着小手说。

当父母发现孩子犯错时，是很难保持冷静的，但是一味地斥责和打骂，只会让孩子感到恐惧，而不会对已经发生的事情产生任何好的改变。案例中瑶瑶的妈妈告诉瑶瑶在墙上画画是不对的，并建议和瑶瑶一起清理墙面，让她为自己的过失承担责任。当孩子经历了对自己不当行为的反思之后，他就会主动想办法把过失弥补回来，而且还会减少日后犯类似错误的概率。

当孩子犯错时，父母可以借鉴以下两种方法与孩子进行沟通。

### 1. 告诉孩子你的感受

父母可以向孩子说出自己此刻的感受，让孩子知道你对他行为的不满。比如告诉孩子"我很不认同你的做法""我不喜欢你这样没礼貌""你的表现很让我伤心"等。这样做，一是让自己平静下来，二是让孩子知道你生气了，三是给孩子反思自己错误行为的机会和时间。

### 2. 告诉孩子弥补错误的方法

由于孩子小，经验少，当孩子做错事情时，父母千万不要气愤地丢给孩子一句"自己去想"（这句话真的很伤孩子的心，因为他们根本意识不到哪里做错了，让他们自己去想只是在加深他们的压力），而是要告诉孩子改正错误的具体方法，给孩子指明"出路"，让孩子有明确的改错目标。

# 了解孩子的感受，鼓励孩子表达心声

很多父母认为，孩子还小，没有太多个人感受，因此只需大人说，孩子听就是了。

孩子也和大人一样，他们也是自身感觉的体验者，只不过他们将大脑里的感受表达出来的能力还未发展完善。改善亲子沟通的技巧有很多，协助孩子说出他们的感受就是其中之一。

无论我们觉得孩子的言行有多么不合理、多么可笑，我们都必须认真地对待孩子的感受，因为这才是帮助孩子说出心里话的关键。如果在孩子感觉难过、痛苦的时候，我们随便地安慰几句或是直接地否定孩子，这样的做法只会让孩子的感受变得更糟。所以，为了亲子之间更好地交流，父母不妨认真体会孩子的感受，并选择适当的时机鼓励孩子将自己的感受说出来。

诗语已经4岁半了，开始显露出顽皮而又有主意的个性，什么事情一不依着她，她就会又哭又闹。每天早上妈妈要上班的时候，她都不愿意让妈妈出门。有一天早晨，妈妈收拾妥当，正打算出门去上班，诗语又跑过去，抱着妈妈的腿说："妈妈不上班，陪诗语。"

以往，妈妈都会说："诗语乖，妈妈必须要上班啊，等妈妈下班了给你买好吃的回来。"尽管妈妈拿好吃的诱惑，诗语还是不为所动，就是不让妈妈出门。

这次，妈妈突然想起在育儿书上看到的"特殊的语言"，即站在孩子的立场，接纳并替孩子说出他们内心的感受。"诗语不想让妈妈上班，想让妈妈在家里陪诗语。"妈妈平静地看着诗语的眼睛说。

这时，小诗语跟着妈妈说："妈妈不上班，不能挣钱买好吃的了。"

妈妈则说："是啊，妈妈不去上班就挣不到钱，没有钱就没办法给你买好吃的了。"

诗语又说："那妈妈去上班吧！"

妈妈没想到这种"特殊的语言"的沟通方式竟然这么好用，惊喜之余，连忙顺着诗语的话说："好的！诗语再见！妈妈会想你的！"以往，妈妈怕诗语哭闹，很多时候都是偷偷"溜走"的，不敢让诗语看见，更不敢光明正大地和她说再见。

诗语还回应妈妈："妈妈慢走，我也会想你的。"

这还是妈妈第一次不用怀着歉意去上班呢！妈妈为此开心了一整天。

案例中的诗语不想妈妈上班的原因是想妈妈在家里陪自己，当妈妈替诗语说出这个感受以后，诗语便立即懂事地"放走"了妈妈，这是因为她的小心思被妈妈读懂了，她得到了妈妈的理解。每个人都需要他人的理解和肯定，孩子更是一样，他们希望有人能够理解他们的感受。作为父母，一定要细心体察孩子内心的感受，当孩子有了负面情绪的时候，要用恰当的语言帮助孩子表达出来，给孩子找到宣泄的出口。

那么，如何协助孩子说出心里的感受呢？

### 1. 引导孩子寻找问题的根源

妹妹偷吃了姐姐的巧克力，此举令姐姐很恼火，姐姐向妈妈抱怨："你快去管管她，怎么那么讨厌！一共10块巧克力，我分给她6块，我4块。她先吃完了，然后又来吃我的。气死我了！"

这时，妈妈应该鼓励孩子说出内心的话，而不是简单回复一句"是很讨厌"，这样是不够的。妈妈应该进一步引导姐姐表达出内心的想法，比如，引导孩子说出"妹妹在拿属于我的东西之前，必须要先征得我的同意，如果她询问了我的意见，我就有了主动选择给不给她吃的权利，而不是像现在这样被迫地接受事实"。这样的引导可以把姐姐的不满情绪导向积极、正向的方向。就这件事而言，妹妹的做法真的令姐姐讨厌，但问题真正的根源在于：妹妹没有得到姐姐的同意，就擅自拿走了属于姐姐的东西。当我们协助孩子表达出真正的心声后，就等于为孩子提供了解决问题的办法。

### 2. 面对孩子的感受，要理解不要否定

父母在跟孩子聊天时很容易发生的一个状况就是常常喜欢否定孩子的感受。比如，当孩子说："不想读了，这个故事太无聊。"有的家长就会说："不无聊啊，有北极动物，有冰原场景，你看这个狐狸大王多有意思啊……"当孩子的感受被家长否定之后，他就会认为自己的感受是错误的，并因此产生愧疚感，从而不想再与父母继续交流下去。

当面对孩子的负面感受时，父母应该理解他的感受，并尝试着保持中立的语调说出来。还拿上面的问题来说，父母比较明智的回答是："哦，你觉得这个故事很无聊，你可以告诉我是哪方面让你觉得无聊吗？是语言不生动，还是故事情节不吸引人？"

"句子太长了，我读到后面都忘记前面说什么了。"孩子说出了令他烦恼的原因。这时候，父母就可以针对孩子的问题，帮孩子一起寻找相应的解决办法。

事实上，孩子需要的不是父母否定他的感觉的对话，而是了解他的感觉的对话。接纳孩子的感受并给予支持，让孩子觉得自己被父母了解，他们的负面以及敌对情绪就会减轻，也才更愿意和父母继续聊下去。

## 谁都不喜欢被比较，孩子也一样

"我妈妈常教育我不要跟同学攀比，但是她自己却总爱拿我和别人比，舅舅的女儿数学好，同事的儿子书法作品常得奖，有时甚至会因为我没他们优秀而生气。"这是一个小学生在青少年心理热线中倾诉的烦恼。其实，很多孩子都有同样的苦恼。在一个关于反感家长的哪些行为的调查中，"讨厌父母攀比"占据第一位。

印度思想家奥修有一句名言，"玫瑰就是玫瑰，莲花就是莲花，只要去看，不要比较"。但我国大多数家长都喜欢或是习惯性地拿自己的孩子跟别人的孩子做比较，在和别人比较的时候如果自己的孩子更优秀，家长就非常得意；如果自己的孩子不如别家的孩子好，家长就沮丧失望。我们中国也有句老话，"人比人得死，货比货得扔"。其实，每个孩子都有他的优势和短板，那些爱比较的家长，比来比去，何时是个尽头呢？

烨烨和心茹是从小玩到大的好伙伴。心茹是一个特别优秀的孩子，不但学习成绩好，歌也唱得好，还多次在诗歌朗诵比赛中获得第一名。烨烨的父母不知道有多羡慕心茹的父母，觉得他们有一个这么好的女儿真是幸运、光彩。而且，他们这种美慕的心情经常在烨烨的面前表现出来，以至于烨烨变得对父母总是爱搭不理的。

一天，心茹到烨烨家找烨烨玩，正遇到烨烨和妈妈闹别扭。烨烨的妈妈看到心茹来了，便问她："心茹，你跟你妈妈闹别扭，会一连好几天都不和她说话吗？"

"我不会啊，我和我妈就像朋友一样，有什么不愉快的说开就好了，不和她说话我可受不了！"心茹说。

"你看吧，烨烨对我就像对敌人一样，怎么让我不舒服，她就怎么来，哎！"

听着妈妈的话，烨烨心里更是火大，她便小声对心茹说："心茹，你先回去吧，过一会儿我去你家找你吧！"

"嗯，行。"然后心茹对烨烨的妈妈说，"阿姨，打扰了，我先走了。"

这告辞的话使烨烨的妈妈很惊奇："你听听，人家心茹是怎么说话的？天呐，再看看你，真是天差地别。"

烨烨对妈妈的态度早已习惯了，就当没听见一样，可这时爸爸又补充了一句："你呀，亏你还是心茹的好朋友呢，人家那么懂事，你怎么什么也不懂呢？"

烨烨终于忍不住了："我怎么就不懂事了？天天就知道拿我跟人家比，学习没人家好，歌不会唱，诗也不会读，还没人家有礼貌。你们呢？你们怎么不比比自己？心茹的妈妈和她就像姐姐、像朋友一样，她有什么话都可以跟她妈妈说，我能吗？心茹她爸一有时间就陪她练声，教她唱歌，有人教我吗？你们想要人家那样的孩子，人家才不想要你们这样的家长呢！"说完，烨烨摔门而去，只留下父母哑口无言。

许多父母认为，通过比较更能激励孩子的成长与进步。其实，这是极其错误的观念，这样做不仅不会对孩子产生帮助，而且还容易让孩子产生很多负面情绪，如不开心、没有安全感、嫉妒、愤怒，甚至是自暴自弃。烨烨之所以和父母没有话说，那是因为她和爱做比较的父母根本就没有沟通的欲望。最后，烨烨说出了长时间憋在心里的话："你们总拿我和人家比，但你们比过自己没有？"这是她的气话，但也是大实话。父母在挑剔孩子这不好、那不好的时候，有没有想过自己身上的缺点呢？换位思考，父母频繁地抬高别人的孩子、贬低自己的孩子，孩子怎么能不叛逆、不反感？

每一个孩子都有自己的优点和缺点，如果父母用自己孩子的缺点和别人孩子的优点去比，然后总是自叹不如，徒增烦恼，这样对孩子的伤害无疑是最大的，久而久之，孩子和父母之间的沟通就会受到阻碍。谁都不喜欢被比较，孩子更是如此。要想让孩子健康快乐地成长，要想与孩子进行顺畅无阻的沟通，和孩子成为无话不谈的朋友，父母一定要扔掉"比较"这把小钢刀，设身处地地站在孩子的角度去看、去想，试着去理解孩子内心的想法，更要让孩子知道，他在你的心中是最重要的、独一无二的。

第七章

正向式沟通——相信并鼓励孩子，
培养阳光心态

# 如何在沟通中促进孩子的正向成长

孩子的年龄小，经验少，缺乏对世界的认知，心态往往会随着外界环境的变化而变化。例如，前一分钟孩子还在为得不到手的毛绒玩具而大声哭泣，后一分钟就会因妈妈去淘气城堡的建议而破涕为笑，这就是孩子的特点，他们缺乏自我调节和控制情绪的能力。所以父母在与孩子交流沟通时，要多说一些让孩子感到快乐的话，引导孩子进行正向思考，培养孩子的阳光心态。

果果5岁生日的那天，她和妈妈一起去蛋糕店取生日蛋糕。乘公交车回家的路上，车上人多得快要没有站脚的地方了。果果问妈妈："妈妈，这车怎么这么挤呀？"

妈妈说："这是公交车，肯定人多呀！"

果果还是不解地问："那上次我们坐公交车，不就是坐着的吗？上次就没有这么多人啊！"

"因为坐车的人是不一定的，上下班的时候人就多，其他时间人就会少一点。"妈妈接着说，"现在是下班时间，人自然就多了一些。"

"啊，那好吧！"果果有些沮丧地说。

妈妈看到果果的神情，对果果说："果果，我们现在能坐上车不是已经挺好的吗？这样一会儿就能回家和爸爸一起吃蛋糕啦！要是我们现在还没有上车，那肯定还在站牌下吹冷风呢！"

果果突然笑了："对呀，到家就可以和爸爸一起吃蛋糕了！好开心呀！"伴随着母女的欢笑声，公交车继续行驶着。不一会儿，公交车到站了，她们开心地下了车。

童年是孩子心态形成的关键期，儿时的心境会像底片一样成为人生永久的心理版本。童年时期的经历和感受会在成人后的生活中自然折射出来，影响着未来的人生方向。面对公交车上拥挤的状况，果果妈妈没有和果果一起抱怨或是让果果忍耐一下，而是用积极的语言去影响和改变果果的心境，引导果果在不如意的环境中正向思考一些积极的、快乐的事情。

孩子拥有积极、平和的心态，就拥有了幸福的一生。那么，父母应该如何在沟通中促进孩子的正向成长呢？

### 1. 给予孩子正面的评价

因为孩子的心理尚未成熟，他们还没有完善的自我认知能力，所以父母的评价就成了孩子认识自我的渠道。生活中，孩子做对了哪怕是一件很微小的事情，父母也要及时地进行称赞，让孩子体会到成就感。即使孩子的某种行为或语言偏离了规范，父母同样要用温和的态度对待孩子，尽量给予孩子一些积极的评价，这样一来，孩子的态度也会变得积极，对周围事物的看法也会是乐观自信的。孩子会认为父母相信自己能够做得更好，这种心理暗示会逐步成为现实，孩子真的会越来越好。如果父母总是对孩子进行负面评价，那么孩子就会失去自信心，也不会去努力改变自己错误的地方，其结果只能使孩子的心态越来越差。

### 2. 改变以往打骂的方式

当今的家庭教育中，仍有些家长对孩子实行打骂教育，认为"棍棒之下出孝子""不打不成材"。因此，每当孩子出现问题时，这些家长就会对孩子又打又骂。事实上，孩子的健康成长需要父母采用不打不骂的正确家庭教育方式。

好孩子不是打出来的，也不是骂出来的。当孩子做了错事时，父母要控制好自己的情绪，耐心地引导孩子，帮助孩子解决困难，促进孩子正向成长。

# 正向教养法，就是戒掉惩罚的沟通法

在孩子犯错误的时候，我们听到最多的就是父母对孩子的训斥，"单打""混合双打"也不少见。这些惩罚的后果是什么呢？孩子表面上诚惶诚恐地接受批评教育，而内心深处对自己的错误行为根本没有反省，更不会去思考该如何修正自己的错误行为，甚至有些极端的孩子会想办法离家出走，逃离父母的管束。可见，惩罚并不能解决问题，反而影响了孩子对所犯错误的正确反思。

心理学家研究表明，人在满足了基本的生理需求以后，人性中最本质的需求就是渴望得到他人的赞赏。对孩子来说更是如此，成功的体验远比失败的体验重要得多。就精神活动而言，每一个幼小的生命都是为了得到赞赏而来到人间的。所以，给予孩子正向式的赞赏比给孩子惩罚更有用。

1939年，陶行知先生在重庆附近的合川区古圣寺创办了主要招收难童入学的育才学校，并担任校长。

一天，陶先生看到男生王友用泥块砸班上的同学，当即制止了他，并让他放学后去校长室。

　　放学后，王友已经等在校长室准备挨训了，陶先生却掏出一块糖果送给他，并说："这是奖给你的，因为你按时来到这里，而我却迟到了。"王友惊讶地接过糖果。

　　随后，陶先生又掏出一块糖果放到他的手里，说："这块糖也是奖给你的，因为当我不让你再打人时，你立即就住手了，这说明你很尊重我。"王友更惊异了，眼睛睁得大大的。

　　这时，陶先生又掏出第三块糖果塞到王友手里，说："我调查过了，你用泥块砸那些男生，是因为他们不遵守游戏规则，欺负女生。你砸他们，说明你很正直善良，有跟坏人做斗争的勇气！"

　　王友感动极了，他流着泪后悔地说："陶……陶校长，你……你打我两下吧！我错了，我砸的不是坏人，而是自己的同学呀！"

　　陶先生满意地笑了，说："你能正确地认识错误，我再奖给你一块糖果，刚好我只有这一块糖果了。我的糖发完了，我看我们的谈话也该结束了吧！"怀揣着糖果离开校长室的王友，此刻的心情不难想象。

　　这就是著名教育家陶行知用四颗糖果教育学生的故事。这个故事告诉我们：当我们以正向的思维去面对孩子的过失时，就会启动孩子心灵的力量，赋予孩子修正自我的空间。通过赞赏，孩子就能获得满意的感受和鼓励，从而建立起自尊心和自信心。

　　赞赏是亲子沟通的一座美丽桥梁，父母与孩子对话时多用赞赏，孩子便自然地把你当作可亲而信赖的人，就会和你推心置腹地聊理想、拉家常、谈学习、讲心事，从而更容易接受你的观点或建议。与孩子对话用正向式的赞赏，对顽皮的孩子尤其重要。因为顽皮的孩子最需要尊重和信任，受到赞赏后能立即引起他的内心冲动，并由心动化为行动。

　　当孩子犯错时，父母正向教养的办法有以下两种。

### 1. 给孩子讲清规则

对不少孩子来说，犯错误的过程其实是一个认识规则的过程。因此，孩子犯错误时，大人应该先弄清楚孩子是否明白相关的规则，然后再根据情况做下一步决定。如果孩子在犯错前不懂相关规则，那么最主要的错因在于父母事前没有跟孩子讲清楚；如果孩子明明清楚相应的规则还是犯了错，那么父母也不要大动肝火，而是要耐心地给孩子讲解遵守规则的重要性，并鼓励孩子下次一定要做到。

### 2. 简明地指出错误的同时，不忘肯定孩子良好的出发点

针对孩子做错的事情，父母应该用简明扼要的话语明白地告诉孩子，这件事情你做得不好，错在什么地方，以后要怎么改正，这就明确地让孩子认识到自己的错误，并得到改正的建议或做法。与此同时，父母也应该设法寻找孩子所犯过错中的一些好的出发点，或是称赞孩子以前的努力和成绩，给予孩子最大的信任，这样不仅能督促孩子改正错误，还可以帮助孩子建立自信。

# 相信孩子有能力，才能培养有能力的孩子

期望是人类一种普遍的心理现象，在亲子沟通中，"期望效应"常常可以发挥强大而神奇的威力。一般来讲，父母对孩子的信心越强，孩子对父母期望的反应也越强烈，从而越会往父母所期待的方向发展。事实上，每个孩子都是"千里马"，但"日行千里"的能力能否实现，在很大程度上取决于父母是否能像伯乐一样开发自己孩子的潜能。孩子的成长方向取决于父母的期望，简单来说，你期望孩子成为一个什么样的人，孩子就有可能成为什么样的人。所以，作为父母，一定要持之以恒地对孩子充满信心，并让孩子感受到父母的期望。

蓓蓓上一年级了，期中考试后，妈妈去给她开家长会。全班一共有三十名同学，蓓蓓考了第二十七名。这次的家长会只是班里后十名同学的家长会，老师想要向这些家长集中反映一下孩子的状况。最后，老师单独和蓓蓓的妈妈谈了一下蓓蓓的情况："我觉得蓓蓓好像有学习障碍，课文讲完后，即便是问她一些简单的问题，她也回答不上来。所以我建议您最好带她到医院检查一下。"

晚饭的时候，蓓蓓忐忑地问妈妈："妈妈，老师说我什么了？"

"老师对你很有信心，她说你不是一个笨孩子，只要多用心一点，就能理解老师课堂上所讲的内容，还能成为班里的尖子生。"妈妈对女儿说了"善意的谎言"，因为她相信自己的女儿有好好学习的能力。

听到这样的话，蓓蓓黯淡的眼神里顿时充满了光："真的吗？"

妈妈看到蓓蓓的这一变化，觉得更有必要对孩子进行鼓励，她说："是真的，妈妈也相信你，'只要功夫深，铁杵磨成针'，只要你肯努力，就一定会取得好成绩。"

第二天上学的时候，蓓蓓比平时起得都要早，并对妈妈说"妈妈，我以后每天都早点起床，读完两篇语文课文后再去学校。"

"嗯，你这么懂得利用时间，妈妈真为你高兴。"妈妈说，"妈妈相信你下次考试的时候，一定能考出好成绩来。"

期末考试的成绩出来了，蓓蓓这次考了全班第十一名，虽然没有考进前十名，但相比老师口中的患有学习障碍，蓓蓓真的有了非常大的进步。

在孩子稚嫩的心灵中，父母是他们强有力的精神支柱，父母一句肯定的话，就是他们努力前行的最大动力。蓓蓓之所以会取得这么大的进步，就是因为妈妈对她传递了正向的期待。在心理学上，这种对别人传递期待的行为被称为"罗森塔尔效应"，也就是人们通常所说的"说你行，你就行；说你不行，你就不行"。因此，要想使一个孩子更好地发展，就应该向他传递正向的期望，对他说"你能行"。

在与孩子谈话的过程中，父母应该采用什么方式来给予孩子信心呢？具体来说，父母要做到以下两点。

### 1. 拒绝先入为主

为人父母，我们常常有一种先入为主的概念，认为孩子只有在某个年龄段，才能做某个年龄段的事情。所以，"不行，你还小""放下吧，我来，你会受伤的"等阻碍孩子行动的话语经常从父母的口中说出。究其原因，就是因为父母从心里不相信孩子的能力。其实，父母这样做等于推迟了孩子某种能力的发展，或许还阻碍了一个小天才的诞生。最关键的是，这样会使孩子失去自信，失去自己努力探索、锻炼的自觉性，减弱他的进取心，这种消极的影响甚至会伴随孩子的一生。

### 2. 多对孩子说"相信你能做到"

日常生活中，父母可以适度放手，将一些锻炼孩子能力的事情主动交给孩子去做。这样一来，孩子就会觉得父母是信任他的，就会增加干劲。如果孩子在做事情的过程中遇到困难，这时候，父母就可以对孩子说诸如"爸爸妈妈相信你一定能做到，加油""你可以的，你要相信自己"之类的话语。相信在父母的鼓励与支持下，孩子一定会变得越来越能干。

# 语言羞辱是正向沟通的大忌

中国传统文化"三纲五常"中有一条是"父为子纲"，意思就是父亲对孩子有着绝对的统治权。而这种封建腐朽的文化至今还影响着一些家长。在这些家长的观念里，孩子完全属于大人自己，无论大人对孩子说了什么，都是应该说的。因此诸如"你这个笨蛋""别磨蹭了""你说你还能干点什么"等羞辱孩子的语言，经常挂在他们的嘴边，尤其是当孩子犯错的时候，这种羞辱性的语言更是层出不穷。

语言羞辱是正向沟通的大忌，因为父母对孩子说出羞辱性的语言时，孩子的自尊心、自信心、自我效能感、主导性动机、成就动机等所有能给孩子带来光明前途的力量，都被父母无情地摧毁了。也许父母认为在和自己的孩子说话时，没有必要过多考虑选择自己的用语，反正都是为了孩子好。但实际上，通常父母觉得自己讲的话没什么要紧的，但是作为倾听一方的孩子内心却受到了极大的伤害。要知道，也许被别人羞辱，孩子不一定会当回事。可是，被自己最依赖的父母贬低、羞辱，他就很容易对自己产生怀疑心理，长此以往就会形成心理缺陷，如自卑、孤僻、具有暴力倾向等。因此，如果你真的爱你的孩子，那么请换一种方式和孩子沟通，即使孩子有不对的地方，父母也要使用带有赞许性和不完全否定的话语。最主要的是，要把带有羞辱性的语言从与孩子沟通的措辞中剔除出去。

这里特意总结了以下几句具有代表性的羞辱性语言。请家长朋友试着回顾一下，自己在生活当中有没有对孩子说过这些话。

### 1. "你怎么这么傻！"

在你给孩子辅导功课，反复讲解孩子还没有完全理解的时候；在孩子将自己的新玩具与小伙伴交换，换来一个不起眼的小手工制品的时候；在孩子把盐误当成白糖放进粥里的时候……你有没有不自觉地火冒三丈，跟孩子讲"你怎么这么傻"这句话？

如果列出对孩子的禁语名单，那么这句话一定能名列榜首。因为这句话完全可以看作是精神虐待，会给孩子内心带来极大的伤害。有时，孩子说出的话或做出的某种行为的确会让你感觉很头疼，但即使你说再多的羞辱性语言也于事无补，反而可能真的把孩子变成傻子。所以，聪明的父母看到这里是不是有所感悟或是警惕呢？

即使再差劲的孩子也会有属于他自己的优势，只不过要看父母是否具有一双能发现孩子优势的眼睛。当父母遇到孩子"犯傻"的时候，不妨尝试着先赞许孩子的优势，对孩子说出你的期许，给予孩子正向的期待，相信孩子能够一点一点地进步。

### 2. "像你这样的孩子……"

也许很多人都感到意外，父母怎么会和孩子说这样的话呢？实际上，说过诸如"我没有你这样的孩子""像你这样的孩子，我当初要是没生你多好啊"的父母不在少数。现在也好，过去也罢，有的父母可能是因为生活艰辛，也可能是不自觉地就说了这样的话，但不管怎样，对生来没有责任与罪过的孩子讲出这样的话是很不恰当的。这种话，完全否定了孩子的价值存在。父母对孩子说出这样的话，不但会严重伤害孩子的心，而且还会影响亲子之间的感情。

如果父母和孩子讲了这样的话，一定要及时向孩子道歉，请求孩子的谅解，这样才能重新获得孩子的爱和信赖。"你是这天底下独一无二的，谁也不能像你一样占据我们的心""你是爸妈眼中最独特的孩子，我们都很爱你"，用发自肺腑的语言，温柔地向孩子表达自己的心声。同时，需要注意的是，有时候道歉也不能完全解决问题。父母的一句话对孩子可能造成连医生都难以消除的影响，所以最好的办法就是不要对孩子说出类似的话。

### 3. "你问这个干什么？"

孩子都有很强的好奇心，经常会问很多奇怪的问题，父母在烦闷的时候难免会大发雷霆，斥责他们"你问这个干什么""打听这个干吗，有功夫好好学习呗"。这种被父母无视的感觉会让孩子深受打击，而且，孩子的内心很脆弱，他们还不能像大人一样很好地调节自己。所以，父母讲话时一定要格外注意，学会控制好自己的情绪，不要用这样的言语来刺激孩子。

当孩子向父母不停发问时，父母一定要先了解孩子问题背后的真正目的是什么。孩子只是想知道一个答案，还是想借机和父母聊聊天？这一点父母一定要先弄清楚。如果是前者，父母就要给孩子一个明确的答案，解决他的困惑；如果是后者，那父母就需要跟孩子进行一次深入的交流，进而满足他的沟通欲望。

### 4. "我要是你，就不这样做。"

父母经常给子女提出一些忠告，"如果我是你，我就不会这样做"。当然，父母是想用自己的人生经验来给孩子指出一条相对便捷的道路。事实上，这句话本身包含着一种谴责的态度，谴责的对象就是孩子的想法和行为。其实，这句话只强调了父母的想法，而没有充分尊重孩子的个性和意见，所以只会让孩子产生抗拒心理。

无论如何，父母应该先肯定孩子。同样的内容换个说法就会产生不一样的效果，比如，用"如果是妈妈，妈妈可能会那样做""爸爸觉得这样做，好像也不错"等方式来表达，孩子就会容易接受一些。

# 鼓励是孩子的营养品，家长要多用

"好孩子是夸出来的。"家长的鼓励和赞扬对孩子的成长是一种强大的动力。有人说，鼓励和赞扬是孩子成长的营养品，就像万物生长需要阳光和雨露一样。否则，孩子的心灵之花就会变得没有生机与活力。适时适度地给予孩子鼓励和赞美，能使孩子获得希望和前行的力量。

德国前总理科尔小时候非常内向，很少说话，做事情也显得比别人慢半拍。因此，很多孩子嘲笑他。科尔知道大家都瞧不起他，因而哭着去问爸爸："爸爸，我是一只笨鸟吗？我是不是什么都做不好呀？"

爸爸坚定不移地告诉科尔："科尔，你不笨，你很独特，你是与众不同的。其他人能做到的事情，你也一样能做到，而且还能比他们做得更好。"

后来，爸爸专门带科尔去看大海。在海边，有很多鸟儿在抢夺食物。爸爸对科尔说："科尔，你看，海滩上有那么多鸟儿在抢夺食物。每当有海浪来袭时，小麻雀是反应最灵敏的，它们会马上拍打翅膀，飞上天空。相比之下，海鸥的动作就显得比较慢，它们笨拙地拍打着翅膀，需要很长时间才能飞入天空。可你要明白，能够飞跃海洋的不是'灵巧'的麻雀，而是'笨拙'的海鸥。"

当时，年纪尚小的科尔还不能很好地理解爸爸的话，但是他在爸爸的鼓励下树立了信心。他开始努力去做那些之前做不好的事情，还勇敢地当众表达自己的想法。每当学校里组织集体活动时，他也不再躲在队伍的后面，而是勇敢地站在队伍的最前排。当然，他之所以有能力这么做，是因为爸爸每天晚上都会询问他在一天之中发生的事情，并且鼓励他、赞赏他。正是爸爸日复一日的鼓励与支持，才让年幼自卑、内向的科尔成长为战后德国执政时间最长的总理。

父母可能意识不到，自己对孩子鼓励的话语会对孩子的一生产生多么重要的影响。科尔的爸爸对科尔的鼓励，帮助他树立了面对困难的信心和促使他一路向前的勇气。如果科尔生长在一个普通的家庭，那么，他也许会受到爸爸的批评或是妈妈的埋怨，"怎么这么磨蹭，这点事情都做不好吗""看看你，总是丢三落四的"。如果科尔的爸爸也这样对待科尔，那么世界上就会少一位优秀的总理。

有的父母也会鼓励自己的孩子，经常对孩子说"你很棒""继续努力"等，孩子一开始会比较重视父母这样的鼓励，可时间一长，这样泛泛的鼓励就会失去对孩子的激励效果，甚至会引起孩子的反感。针对这种现象，这里总结了以下两点建议，希望能给父母带来些许帮助。

### 1. 对孩子要鼓励，而不要夸赞

很多人误以为鼓励和夸赞是一样的。其实不然，虽然鼓励和夸赞都是针对孩子良好表现的正面评价，但夸赞类似于奖励，是对孩子的外在或是已经取得的成绩的褒奖。鼓励则具有激发、激励、勉励的含义，父母鼓励孩子能帮助孩子肯定自己的内在价值，也能使孩子正确对待自己不够好的地方，从而培养孩子积极乐观的阳光心态。

父母鼓励孩子，应是在深入了解孩子的基础上，有针对性地鼓励孩子能够做好的地方，而不是泛泛无所指地鼓励。

### 2. 积极挖掘孩子的优点

所谓"天生我材必有用"，每个人都有很独特的优点和才华，孩子也有其特有的长处和潜能。为人父母，要有一双善于发现孩子身上优点的眼睛和一张及时把孩子的优点说出来的嘴巴。孩子在成长过程中，需要不断得到他人的肯定与鼓励，父母要及时而真诚地对孩子说"你能坚持这么久，就说明你很有毅力""你能发现爸爸妈妈都发现不了的事物，真是一个优秀的观察家""英语学得这么好，看样子你很有语言天赋啊"等话语。这样的话语能帮助孩子建立自信心，从而推动孩子不断努力，不断取得进步。

# 绝不给孩子贴上负面标签

所有的父母都很爱自己的孩子，这一点是毋庸置疑的。但有些时候父母或许因为生气，或许是一时情急，有心或者无意地就把孩子某个方面的缺点无限放大，随随便便地给孩子贴上负面标签，比如"你怎么这么没用，这点小事都办不好""像你这样的，一辈子也好不到哪儿去""你就知道玩"等。这些负面标签不仅会影响孩子的感受，还会影响孩子今后的行为发展模式，而且孩子可能真的会被禁锢到这个负面角色里，往父母给贴的负面标签的方向去发展。

明天就要期末考试了，爸爸对媛媛说："你考试一定要考第一名。"

媛媛问爸爸："一定要考第一名吗？"

"那必须的！"爸爸说道。

媛媛反问："要是考不了第一名呢？"

"考不了第一名，就说明你笨！"爸爸淡淡地说。

这时媛媛皱起了眉头，嘟起了嘴。

"考不了第一名就说明你笨！"爸爸的这句话让媛媛承担了太大的压力。

要知道，"第一名"永远只有一个。作为父亲，自己在心里期望女儿能成为第一名，算是"望子成龙""望女成凤"的父母情结，可从小给孩子贴上"我不是第一名，我就是笨蛋"的标签的做法会将孩子的精神压垮的。

人是一种喜欢被别人理解、被别人爱的高级动物。心灵如玻璃般透明易碎的孩子，更需要父母的呵护与欣赏。作为父母，要用一双慧眼去发现孩子身上闪光的东西，并努力认真地调动孩子的潜能，要让孩子感到"我能行""我可以"。在获得一次次的鼓励与赞美后，孩子不仅会让自己沉重的心情变得轻松起来，而且慢慢还会变得活泼开朗、乐观自信。

爸爸下班刚进门，就听到朵朵的哭声。"朵朵怎么哭啦？"爸爸问妈妈。原来朵朵在练习写自己的名字，可姓写得不好，奶奶让她重写，她不愿意。奶奶假装生气地说："像你这样的孩子，以后老师一定会批评你的！"就这么一句话，惹得朵朵边哭边喊："我这么聪明，老师会批评我吗？"

爸爸仔细想了想，认为大人随便给孩子贴这样的标签确实不妥。"奶奶说错啦，对不起！不要哭了……"爸爸边走过去边说，"我家朵朵这么聪明，是不会被老师批评的！爸爸小时候上一年级时也写不好自己的名字……"爸爸帮朵朵擦干眼泪，朵朵停止哭泣，心情平静了。"朵朵，你的名字写得不错，但如果这个字的'文'部再大一点就更漂亮了。"爸爸边说边写给朵朵看，"你想不想再来写一下？"

"好啊，我来写吧！"朵朵写完之后骄傲地说，"现在写得不错了吧！"就这样，一场小小的风波结束了。

长辈的言行举止对孩子传递着爱与信任，也传递着失望与鄙视。孩子往往能从父母的言谈举止中得知自己是什么样的人，能成为什么样的人，从父母那里获得关于人和人生的认识，所以，父母给予孩子的信心和信赖，对孩子来说非常重要。事实上，父母经常会说许多贬损和否定的话，随意就给孩子贴上负面标签，但很少能意识到它们对孩子的伤害，这是多么令人担忧的事！家长们要注意，不要再将以下的标签贴到孩子身上：

孩子见人没有打招呼，就说孩子"内向，不爱说话"；

孩子进门前没有敲门，就说孩子"你怎么这么没礼貌"；

孩子没有收拾好自己的物品，就说孩子"没有像你这么懒的孩子"；

孩子管不住嘴，吃零食，就说孩子"你还敢吃？还嫌自己不够胖吗"；

孩子一次考试没考好，就说孩子"我看你就这样了，以后也不会考好"；

孩子开始注重外在形象，就说孩子"就知道臭美，有工夫怎么不好好学习"；

孩子因为帮助他人而受到伤害时，警告孩子"以后不要再多管闲事"；

……

父母一旦给孩子贴上内向、顽皮、臭美、自私、懒惰、肥胖、粗心大意、好管闲事等负面标签，孩子在心里就会将其强化："反正我已经这样（负面标签）了，再差一点也没什么。"这是人的惯性思维模式。因此，为了避免孩子产生这样的想法，父母一定要杜绝给孩子贴上负面标签的行为。

第八章

引导式沟通——变强制为引导，
让孩子远离逆反心理

##  有效引导优于强硬控制

放学了，盼盼觉得今天的作业不多，就想先在外面玩一会儿再回家，于是就和几个同学约好到社区的小广场上打羽毛球。很快，两个多小时过去了，大家也都玩累了，就各自回家了。

回到家后，盼盼看到爸妈着急的眼神，不禁有些内疚。"我和同学在外面玩了一会儿，回来晚了。"盼盼心虚地说，心里想着：以后可不能这么晚回来了。

"玩玩玩，你就知道玩！"爸爸并没有顾及盼盼心中的想法。

爸爸说完，妈妈说："盼盼，以后可别这么晚回来了，周末的时候有空闲了再去玩多好。"

"我告诉你，以后再敢这么晚回来，看我不收拾你。"爸爸又说。

爸爸妈妈你一言我一语地说起了盼盼，盼盼听着听着便产生了这样的想法：怎么了？我回来晚点怎么了？下次我还出去玩，看你们能拿我怎么样？果不其然，经过这件事情以后，原本乖巧懂事的盼盼突然变得任性固执起来，一遇到什么事情不合自己的心意，说翻脸就翻脸。

控制是隐藏在每一个有思想的物种体内的本能，其中人的控制欲最为强烈。在家庭中，大部分父母永远都想控制孩子，虽然初衷是对孩子的爱和关怀，但如果父母的方式不当就很可能引起孩子的反感。盼盼原本想要虚心接受父母的教诲，可父母的责备与唠叨却激起了他的逆反心理。孩子一旦有了逆反心理，就会变得我行我素，只要一遇见与自己意见相左的事情就会排斥、反抗。事实上，逆反是孩子成长过程中的一种正常的心理现象，父母只要留意一下自身的言行，改变一下对孩子强硬的态度，给予孩子适当的关怀、有效的引导，孩子的逆反心理就会慢慢消失不见。

父母在与有逆反心理的孩子沟通时，要懂得强硬的控制远不如有效的引导。让我们来看一看这位妈妈是怎么用引导式沟通与孩子交流的吧！

淘淘今年5岁了，是一个活泼可爱的小男孩，有时候会很叛逆，会故意跟大人唱反调。

一天傍晚，淘淘非要帮着妈妈做饭，于是妈妈就顺着他的意，让他当了小助手。择菜、剥蒜、端饭，妈妈把这些他能做的事情都交给了他来做。等饭全都摆上桌之后，淘淘跑到房间里把糖罐拿出来对妈妈说："妈妈，我今天表现得这么好，是不是可以吃糖了？"

妈妈与淘淘约定过，只要淘淘好好表现的时候就能得到一颗糖的奖励。但妈妈觉得吃糖会影响吃饭，便对淘淘说："嗯，淘淘今天帮妈妈做饭，表现得非常好，可以得到糖果的奖励。但是等到吃完饭再吃糖吧！"

淘淘说："为什么？可我现在就想吃糖。"

妈妈说："吃完糖，嘴里就变甜了，我们做的饭是咸味的，吃完糖就吃不出饭的味道了。"

淘淘犹豫着，他还是很想吃糖。

"反正你只能吃一颗，所以你先吃糖也行，先吃饭也行，你自己来决定，我们要吃饭了。"说完，妈妈就坐在餐桌边开始吃饭。

"那我再想一想。"淘淘仍在纠结中。

妈妈大口大口地吃饭，假装吃得很香的样子，对爸爸说："今天做的宫保鸡丁真好吃！"

听妈妈这么说，淘淘赶紧说："我还是先吃饭吧，吃完饭再吃糖。"

孩子终归是孩子，他们的自制力比较差，而且缺乏基本的生活常识。父母在这个时候，要耐心引导孩子往正确的方向走，而不是强硬地控制他们。淘淘妈妈的做法就很好，她使用提供两个备选项的引导式沟通法，成功地让淘淘改变了想要立即吃糖的想法。因此，当孩子想要做或者已经做了令大人不赞同的事情时，父母首先不要表现得过于急躁，也不应强硬地给孩子定出条条框框，逼迫他们改变自己的想法，而是要多给孩子一些可以选择的空间，有效地引导孩子。

**让孩子多谈谈自己的感受**

在亲子沟通中，孩子由于语言表达能力欠佳，或是性格内向、逆反心理严重等，往往不会将内心的感受直接表达出来。这时候，就需要父母来引导孩子说出心里话。孩子说出来的越多，父母对孩子的了解也就越多，从而对孩子的关爱和帮助也就会更加具体，亲子沟通也就变得更加顺畅。

现在，有很多父母都在抱怨孩子不听自己的话，难道身为父母的你们有认真地听过孩子的话吗？扪心自问，不知道孩子心里在想什么的父母会是称职的父母吗？生活中，亲子沟通的机会很多。在亲子沟通中，父母千万不要以"填鸭"的方式将成人的观点灌输给孩子，强制孩子听下去，而应该引导孩子多谈谈自己的感受，听听孩子怎么说。

在妈妈患病住进医院以后，原本就胆小内向的铭涵变得更加郁郁寡欢了。铭涵的妈妈患乳腺癌已经两年了，两年里，手术、化疗、休养，几乎大部分时间都是在医院里度过的。铭涵从小就和妈妈特别亲，可因为妈妈这两年总不住在家里，使她感觉自己被妈妈抛弃了。

记得一年前，在妈妈做完大手术第一天回家的时候，铭涵刚升入一年级不久。她晚上放学回家，听见家里有很多人的说话声，便想妈妈终于回来了。她急忙跑进妈妈的房间，看到有好多陌生人围在妈妈的床边。

等看望的人都走了以后，家里只剩下了爸爸、妈妈、奶奶和铭涵。妈妈让奶奶把铭涵叫到身边来，铭涵过去了。"铭涵，一年级的课程难吗？跟得上吗？"妈妈问。

"不难，跟得上。"铭涵一直有很多话想跟妈妈说，可妈妈现在回来了，她却不知道说什么了。

"想妈妈吗？"

"想。"

"妈妈也想你，铭涵，在医院的每一天，妈妈都是带着要回家照顾你的心情度过的，想你在没有妈妈陪伴的时候一定很孤单。铭涵，你能和妈妈说说吗？"妈妈想知道铭涵心里是怎么想的，希望她能多说说心里话。

"我想妈妈，也讨厌妈妈。"铭涵说。

"为什么讨厌妈妈呢？"妈妈尝试着问。

"讨厌你离开我，讨厌你总躺在床上，还讨厌你不能接送我上下学，同学们都是爸爸妈妈接送的，只有我不是。"铭涵委屈地掉下眼泪。

妈妈摸着铭涵的头，说："铭涵，妈妈生病了，等妈妈好了，就能送你了。"

"妈妈，我真害怕你不回来，放学回家看见你回来，我特别高兴，可就是在你身边的人太多了，我不好意思当着那么多人的面去见你。"铭涵终于把心里的话说了出来。

别以为孩子的年龄小就什么都不懂，其实，孩子的心里有着比大人更为丰富的感受，他们只是不知道该怎么表达而已。面对生病住院回来的妈妈，铭涵的心里有喜有悲，喜的是妈妈回来了，悲的是妈妈依旧不能下床走动。如果铭涵的妈妈不及时引导，这些感受铭涵有可能会一直憋在心里，不向任何人提起。孩子最亲近的人永远都是父母，如果父母都不能了解孩子的感受，那么孩子的心灵花园该会有多么荒芜。

引导孩子说出自己内心的感受有很多方式，父母可以参考以下几种做法。

### 1. 向孩子提一些简单的问题

引导孩子说出心里话，最简单的方式就是提问。当孩子不愿意主动倾诉时，父母可以多问孩子一些问题。需要注意的是，这些问题一定要简单易答，孩子只有答得上来，才有和父母继续交流下去的意愿。反之，如果父母提出的问题很复杂，孩子根本答不上来，这样不仅不会让孩子打开心扉，还会使孩子变得更加封闭。

### 2. 创设轻松愉悦的沟通氛围

当孩子不愿意回答问题时，父母还可以使用创设情境的方式来引导孩子表达自己。很多时候，孩子不愿意说，是因为对外界的环境心怀警惕。就像成人与成人敞开心扉畅谈需要有轻松愉悦的氛围一样，要想让孩子说出心里话，同样需要创设轻松愉悦的沟通氛围。

### 3. 说一些孩子感兴趣的话题

有的孩子不是不爱说话，只是不喜欢对不感兴趣的话题发表看法而已。因此，父母在引导孩子沟通的时候，不妨试着说一些令孩子感兴趣的话题，这样就能增强孩子开口交流的欲望，让孩子变得乐于表达，由此开启亲子沟通的大门。

## 引导孩子自己思考、选择和决定

许多父母总是喜欢替孩子做决定。孩子上什么学校,父母选;孩子报什么兴趣班,父母选;孩子读什么书,父母选。有的孩子甚至连吃多少饭菜都得由父母来把关,以至于网络上曾出现4岁多的小女孩在吃完饭之后问爸爸"爸爸,我吃饱了没有"的笑话。"生命诚可贵,爱情价更高,若为自由故,二者皆可抛",如果抛开外界带给我们的各种束缚,我们每个人其实都非常渴望自由,同理,孩子也一样。所以,给孩子自由选择的权利,就等于架起了一道亲子沟通的桥梁。

父母给孩子自由选择的权利,并不是说对孩子不管不顾,而是要在理解孩子内心的基础上,帮孩子分析问题,最终让孩子决定怎么做。

越越是一个活泼开朗的小男孩,也是一个人见人爱的小小万人迷。他只有一样不好,就是他想起什么事情来就要做什么,只要你不随着他,他就会闹脾气。

一次,越越从小广场玩耍回到家,对正在工作的妈妈说:"妈妈,我突然想学滑板了,因为前两天看见然然玩得特别好,我也想玩了。"

妈妈猜测这又是他一时兴起，也许把滑板买来，玩不了两天就扔掉了，于是就想一探究竟，看看越越心中到底是怎么想的。妈妈放下手中的报账单，睁大了眼睛看着越越："滑板？一项很酷的运动啊！但会不会有点危险啊？你觉得呢？"

越越说："我也不知道，就是想尝试一下。如果我滑不好的话，我就不滑了呗！"

"嗯，也可以。对了，你之前不是说还想学电吉他吗？在吉他和滑板之间，你想要学哪个呢？"妈妈突然间想起吉他的事，就问了越越。

越越拍了一下腿，说："哎呀，你要是不说我都忘记了。吉他？滑板？我要怎么选呢？"

妈妈见越越犹豫不决，就对他说："越越，吉他和滑板都是业余爱好，在我看来都是一样的，而且作为一门技艺，哪一个学起来都要付出很大的努力才行。所以不管你怎么选择，妈妈都会支持你。但是妈妈觉得你很有音乐天赋，而且你写的作文也很棒，如果学吉他的话，是不是能把所见所闻写成歌词唱出来呢？就像现在的民谣歌手一样。"

"真的吗？我真的有音乐天赋？"越越反问。

妈妈说："对啊，在你小的时候，还不会说话，就会跟着电视上的歌声'咿咿呀呀'地哼了呢！你在学校文艺会演中唱的《外婆的澎湖湾》也很好啊！"

"嗯，我的确是很喜欢音乐，要不然我就不学滑板，学吉他吧！"

"你自己来考虑，想学什么就学什么！但妈妈建议你要听从内心的声音，做自己最喜欢、最适合的事情。"

"妈妈，我知道了，我要专心地学吉他！"越越坚定地说。

面对既想学滑板又想学吉他的越越，妈妈没有讽刺他的一时兴起、三心二意，而是耐心地引导他，给他分析他的特长所在，并将选择权交给他，让他自己做决定。这样一来，拥有选择权的越越就会仔细思考到底哪一项才是自己真正想学的，从而做出令自己满意的决定。

所谓人生，不过是不断选择的过程。在孩子成长的过程中，很多父母都会为孩子规划好每一步行程。这种做法看似是帮助不懂事的孩子成长，实际上是剥夺孩子自主探索的权利。在孩子成长的重要关口，父母当然要为孩子出谋划策，但对于生活中的诸多平常事，父母不妨多给孩子一些时间和空间，让孩子自己去思考、选择和决定。毕竟孩子未来的路需要他自己去走，父母不过是陪伴孩子走过其中的一段罢了。

# 用幽默的方式让孩子意识到错误

有一项名为"儿童参与家庭教育"的调查显示，有41.4％的小学生、46.9％的中学生都希望自己的父母富有幽默感。由此可见，大多数的家长在教育孩子的问题上都是严肃的。事实上，这种做法会让孩子心生畏惧。父母与其板着脸对孩子进行说教，还不如采用幽默的语言或方式和孩子进行沟通或交流，这往往会收到意想不到的效果。

当然，家长要学会用幽默的方式批评孩子并不是一件简单的事情，这要求家长有较高的文化修养和良好的心理素质。其中，文化修养是指家长要拥有生活的情调和渊博的知识。而良好的心理素质是指家长在孩子犯了错误以后，要懂得克制冲动，学会用宽容的心态包容孩子的错，学会站在孩子的角度理解孩子的不良行为，最终以一种平和幽默的方式疏导、教育孩子。

一天放学后，琼琼的好朋友齐齐来家里做客。妈妈让她俩在书房做作业，自己则去准备晚饭。等妈妈把晚饭准备好，走到书房叫她们吃饭时，不想，琼琼把书架上的书拿了出来，摆得窗台上、椅子上、地上到处都是，就连爸爸精心收藏的各省区地图也被琼琼铺在了地上。一看到妈妈推门进来，琼琼赶紧三下五除二地将地上的书和地图全都捡起来。

妈妈知道，琼琼这是在和小伙伴"秀"书。一股火直冲妈妈脑门，她真想质问琼琼：你怎么又把书放在地上了？不知道应该珍惜书、爱护书吗？然而，妈妈不想再严厉地斥责琼琼，更不想在女儿的朋友面前批评她。因此，妈妈带着微笑、拖着长音对琼琼说："哎哟！看我们琼琼这是摆的什么阵法，感觉比古代的八卦图还要厉害呀！你们可要小心哦，千万不要误入迷阵。"

听了妈妈的话，齐齐忍不住笑出声来，而琼琼惭愧地低下了头。她对妈妈说："妈妈我错了，我不应该把书和爸爸的地图放到地上。"

"妈妈知道你是在给齐齐展示我们家的书，但是以后记得一定要在书桌上看书哦。"妈妈嘱咐道。

从那以后，琼琼再也没有将书随便乱放过。


妈妈用了一句非常简单的玩笑，就解决了琼琼乱放书的问题，达到了教育的目的。生活中不难发现，父母对孩子越严厉，孩子就越不愿意听父母的话。当父母在为不知如何与孩子进行沟通而伤脑筋时，不妨改变以往严肃而认真的态度，巧借幽默的方式引导孩子反思自己的言行。

古人虽有云"良药苦口利于病"，但对于现在很多叛逆的孩子来说，则是"良药甜口利于病"！德国著名演讲家海茵兹·雷曼麦曾经说过，"把一本正经的真理用幽默风趣的方式说出来，比直截了当地提出更能为人接受"。幽默不仅仅是一种艺术手法，更代表着一种高超的沟通方式。如果家长们懂得用幽默的方式让孩子意识到错误，一旦孩子领悟了父母的用意，就会主动承认错误，完善自我。所以，家长在教育孩子的时候多使用幽默的话语，往往更能让孩子心服口服。

那么，家长应该怎样以一种轻松幽默的谈话方式与孩子沟通呢？

### 1. 创造轻松愉悦的交流氛围

日常交流中，家长可以放下以往的权威和架子，和孩子像朋友一样开玩笑，这会拉近父母与孩子之间的心理距离。而且，这样会让孩子感到放松，和父母交流起来不会有压迫感或紧张感，更愿意打开自己的心扉。

除了和孩子开玩笑，家长还可以和孩子聊一聊名人轶事或是孩子自身比较感兴趣的话题，这些话题可以让亲子之间产生更多的共同语言，从而开创轻松愉悦的交流氛围。

### 2. 善用幽默式批评

幽默，作为一种独特而富有魅力的语言艺术，运用于家庭教育之中，往往会显现出神奇的力量。家长用一些幽默的语言和犯了错的孩子交流，既能融洽亲子之间的关系，又能让孩子在保持自尊的情况下得到启发，使他们在欢声笑语中意识到自己的错误。

具体来说，幽默带给孩子的是快乐，使批评这件严肃的事情产生了积极的思辨效果，同时也在某种程度上帮助孩子消除了紧张和畏惧，从而减弱孩子的抵触情绪和逆反心理，使父母的批评于无形中达到理想的教育效果。

# 教孩子正确追星

崇拜偶像几乎在每个孩子的成长过程中都会出现，家长强行要求孩子拒绝追星是不现实的。其实大多数家长在小的时候也有过类似的经历，所以孩子的这种行为是可以理解的，他们只不过是在平常的生活之中寻找一丝不平凡的感觉罢了，这无异于一种理想中的天真，一种激情中的盲目。但是有些孩子迷恋偶像已经到了失去理智的地步，这不得不引起家长的注意。

雨晴是一名小学三年级的小女生，最近特别迷TFBOYS，写字桌上摆着他们的照片，日历上标注着他们的生日，还经常在日记里抒发对他们喜爱之情。凡是他们组合唱的歌，她都要反反复复地听，而且，只要有他们参加的综艺节目，她就一个不落地守着看。看到孩子如此痴迷，雨晴的妈妈不禁疑惑：这孩子是不是有点过头了？虽然有所不解，但她从没对孩子的举动加以干涉。

一天晚上，雨晴正在看《全员加速中》，电视里三个男孩正商量着对策，她看得目不转睛。这时，妈妈悄悄来到雨晴身边，说："我也过来看看，看看我女儿喜欢的人有什么过人之处。"

雨晴马上兴奋起来："妈妈，你知道吗？就面对着我们的那个人，我最喜欢他了。他不但长得帅，唱歌好听，人品好，还有一个最大的特点就是爱运动，篮球、网球、乒乓球，各种运动他都喜欢，特别厉害哦！"

听着雨晴滔滔不绝的话，妈妈大体上知道了这男孩在她心中的位置，于是也陪着女儿看了起来。妈妈发现，这几个小男生的确挺阳光、挺正能量的，喜欢这样的偶像对女儿的成长也有帮助。"小晴，你光是喜欢看别人运动，可是你自己却总待在家里一点也不运动啊！你是不是也该向偶像学习一下呢？"

雨晴赶紧说："哦，对了，我偶像的生日快到了，他的粉丝们组建了一个'跑跑团'，我也想参加他的'跑跑团'。"

"'跑跑团'是什么？"妈妈好奇地问。

"那是粉丝们想出来的一种给他庆生的活动方式，就是号召全国各地的粉丝组团参加各地的马拉松比赛。"

"这个方法很好啊，既锻炼了身体，又能获得偶像的关注，一举两得啊！妈妈决定支持你！"

"真的吗？！妈妈你真好！"雨晴一下抱住了妈妈的腰。

雨晴的妈妈真的很了不起，她从尊重孩子的角度出发，挖掘出偶像的榜样作用，让偶像的力量激励孩子成长进步。作为家长，完全可以像雨晴的妈妈一样正确引导孩子，使孩子在追星中健康成长。

### 1. 教育孩子理性追星

崇拜偶像是人的天性，孩子追星实际上是一种天性的释放。但是孩子正处于成长期，天真、不成熟、感情冲动，容易做出一些不理性的事来。父母知道孩子追星以后，也不应横加干涉，强行阻断孩子的追星道路，这样只会激起孩子的逆反心理。父母不妨静下心来，和孩子谈一谈他所喜爱的明星，在了解明星的为人与孩子心理的基础上，再对孩子的追星行为进行判断，发表自己对明星的客观看法，让孩子对明星产生理性而适度的崇拜。如果孩子喜欢的明星也很合自己的胃口，那父母还可以和孩子一起追星，这样一来，不仅父母增加了很多和孩子的共同语言，孩子也更愿意主动和父母亲近。

### 2. 引导孩子崇拜多方面的明星

榜样的力量是无穷的，一个人的心中若没有可以学习的榜样，那么这个人就是乏味的。每个时代都有每个时代的主流文化，过去的时代里雷锋是榜样，现在我们生活在多元文化的社会里，除了大众所熟知的影、视、歌等领域中的偶像，其他领域中还有很多可以崇拜的偶像。父母可以花时间和精力多给孩子讲一些科技领域、文学界、体育界等的名人，引导孩子崇拜多方面的偶像，而不仅仅局限于某些影视剧明星或歌星。

**转移注意力，适当躲开僵局**

　　孩子的注意力是很容易分散的，这也是孩子在幼儿时期要着重培养专注力的原因。虽然孩子的注意力不集中给他们做事情造成了困扰，但这也给父母在解决亲子沟通的问题上提供了很多便利。用说话来转移孩子的注意力，是避开亲子沟通僵局的最佳方式。

　　当孩子着迷于某一件事情无法自拔时，父母可以给孩子讲寓言故事，或者聊一聊令孩子感兴趣的话题，还可以和孩子幻想一下他心中期待的即将实现的事情，这些都是很好的转移孩子注意力的办法。在孩子转移注意力之后，那件令他着迷的事情就会被他忘得一干二净。等孩子平静下来以后，再找机会和孩子讲明白其中的道理，这样孩子自然更容易接受，而且还能避免亲子冲突。

　　恩恩5岁半了，她是一个有点固执的小女孩，只要是她想做的事情，就非做不可。有一天晚上，九点多了，到了睡觉的时间，恩恩却忽然说要去外面买包子吃。其实她根本不饿，不知道是看到什么就想起包子来了。

　　妈妈说："该睡觉了，吃什么包子呀？"

"我好饿，我就要吃包子，就要吃包子。"恩恩说。

"卖包子的叔叔阿姨都回家睡觉去了，等明天一早我们再去买包子，好不好呀？"妈妈建议道。

"不，我现在就要吃。"恩恩带着哭腔说。

妈妈生气地说："你现在吃哪有卖的？没有卖的你怎么吃？你怎么这么不懂事！"一听妈妈这样说，恩恩真的哭了起来。

眼看着即将爆发一场"战争"，爸爸赶紧问恩恩："恩恩很想吃包子，是吗？"恩恩哭着猛点头。

"那我们一起'包包子'，好不好？"爸爸捏着恩恩的小脸说。

恩恩一下子高兴起来，大声说："好！"

于是，爸爸把恩恩抱上床，和妈妈、恩恩一起用被子模拟包包子，揉啊揉，捏啊捏，一会儿就包出来一个和被子一样大的"大包子"。

"好了，现在包完了，咱们一起来'吃包子'吧！哦！"爸爸假装先"吃"了一口。

恩恩高兴地说："'吃包子'喽，'吃包子'喽，哦！"

爸爸"吃"一口，恩恩"吃"一口，妈妈也学着他们爷俩的样子"吃"了起来。一家三口，边"吃"边笑，其乐融融。五六分钟过后，恩恩开始打哈欠了。

妈妈说："恩恩该去睡觉了。"

"我再'吃'一点就睡！"果然，恩恩装模作样地"吃"了几口"包子"之后，心满意足地睡觉去了。


面对恩恩大半夜要吃包子的无理要求，爸爸没有像妈妈一样直接拒绝她的要求，而是通过模拟包包子的方式"喂饱"恩恩。其实，恩恩哭着想吃包子的时候，并不是真的期望马上吃到包子，她也许只是希望得到大人的关注和接纳。这时候，如果爸爸像妈妈一样按照常规逻辑拒绝甚至指责恩恩，那她就会感到"世界"的冷漠和无趣。好在爸爸想出了用包假包子的方式转移恩恩想吃真包子的想法，从而避免了一场亲子冲突。

身为父母，你是否也经常会被孩子的不合理请求而弄得焦头烂额呢？没关系，只要了解孩子的心理，就可以成功地转移孩子的注意力，从而帮助自己摆脱沟通困境。需要说明的是，转移注意力这个办法和孩子的年龄有关系，孩子的年龄越小，这个办法越有效。

那么，在与孩子沟通的过程中，父母应该用什么方式来转移孩子的注意力呢？

### 1. 求同存异，避开僵局

不管孩子的年龄有多大，父母与孩子之间的沟通都是一门非常讲究的谈话艺术。父母在与孩子沟通的过程中，只要用心倾听孩子的话语，就能与孩子达成共识，也能解决彼此之间的分歧。倘若亲子沟通时出现僵局，父母可以用求同存异的方法去解决，各自保留自己的意见，然后按照达成的共识去办事，从而成功化解僵局，实现亲子间的顺畅沟通。

### 2. 放平心态，不急不躁

当孩子一心想要去做一件事情的时候，他的情绪是很不稳定的，这时候，父母需要给孩子一些时间和空间，允许孩子有一个逐渐打开心结的过程。如果父母像孩子一样暴躁或是比孩子更甚，那么亲子之间是很难顺畅沟通的。当亲子间产生沟通僵局时，孩子就会产生逆反情绪，还可能会激怒父母。如果父母能放平自己的心态，平静地接受孩子的逆反情绪，用温和的语言引导孩子，给孩子提供替代性的选择，那孩子就会逐渐放下心中的执念，接受父母提出的意见。

第九章

建议式沟通——摒弃命令，
培养孩子的思维力和判断力

**用温和的建议取代贬低**

现实生活中，有很多孩子都不愿意听取父母的建议。有时候，父母刚把话说出来，孩子就表现出强烈的反感情绪；有时候，父母还没说上几句话，就会和孩子大吵起来……那么问题出在哪里呢？家长朋友们有没有思考过这个问题呢？孩子是真的不愿意听父母的话吗？其实，孩子认为：父母只要一开口，不是命令就是唠叨，自己说什么，父母的第一反应不是否定就是嘲笑，所以即便是以好的话题开头，最终也只会演变成争吵。长此以往，孩子自然会将自己封闭起来，不愿意主动与父母沟通、交流，父母也会抱怨自己的孩子越来越不懂事、不听话。

事实上，很多父母在给孩子提建议时，大多采用一种指令性的口吻命令孩子，或是用否定性的语气来怀疑、贬低孩子。但随着孩子年龄的逐渐增长，自我意识的逐渐增强，这样的建议方式显然不利于亲子沟通的有效进行，更不利于孩子的成长。父母都是爱孩子的，但光有爱是不够的，就算为了孩子好，也要讲究和孩子沟通的方法技巧，用温和的建议取代贬低，才不会伤害孩子的自尊，使孩子肯听、乐意听并听到心里去。

8岁的子墨在房间里做作业，妈妈端菜到客厅，从子墨的房间路过时，正好看到子墨趴在书桌上写作业。

"子墨，我都跟你说过多少遍了，不要趴着写作业，你怎么又趴下去了？快把腰板挺直了！"妈妈的声音像雷声一样冲进子墨的耳朵里，子墨下意识地挺直腰板。但是，坚持了没多久，他又不自觉地趴下去了。这时，妈妈正好去叫他吃饭。

"你这孩子怎么这么不听话呀？让你不要趴着，怎么总是不听？这样还不成驼背了？"妈妈有些生气了。

"我知道了，你烦不烦呀？"

"呵！还嫌我烦了是嘛？我这是为谁好呀？以后变成近视眼，我看你怎么办？"妈妈有点生气地吼道。

"变成近视眼就变成近视眼呗！"子墨小声地说。

"什么？你这孩子怎么这么不懂事？真是没出息！"

"要出息干吗呀？出息能当饭吃吗？"子墨漫不经心地反驳着。

妈妈越说越生气："真是白养你了，早知道你这样，我当初就不该生你！"

子墨的火气也上来了，冲着妈妈喊："谁让你生我的？我又没让你生我！"

"你……"妈妈一怒之下打了子墨一个耳光。于是，一场亲子间的"战争"爆发了。


妈妈想通过告诫的方式来帮助子墨改正趴着做作业的不良习惯，但在你一言我一语的沟通过程中，彼此言语中的"火药味"越来越浓，最终爆发了一场亲子间的"战争"。类似这样的事情经常在家庭中上演。父母都是为了孩子好，都希望孩子改变不良做法，并给孩子指出正确做法，让孩子加以改正。但父母说话的方式往往带有命令和否定的性质，这会让孩子产生强烈的逆反心理，结果便是小事变大事，小吵变大吵，双方不欢而散。实际上，父母只要转变一下表述方式，尝试用温和的建议取代贬低，孩子就能欣然接受了。

很多时候孩子之所以不听父母的建议，是因为父母说话的语气让人反感，"别这样做，以后会成……（负面信息）的""不是跟你说过要……的吗？怎么总是记不住呢""我要是你，我就会……做"……父母往往带着成人的经验，用一种指责与嘲讽的语气来给孩子提建议，并希望以此让孩子做出改变。事实上，孩子正是因为父母的这些建议而伤心难过的，又怎么可能接受这些建议呢？

那么，父母应该怎样温和地给孩子提建议呢？

### 1. 变命令的口吻为温和的语气

在给孩子提建议时，父母要变命令的口吻为温和的语气，因为只有心平气和地和孩子摆事实、讲道理，孩子才愿意接受父母的建议。用温和的语气与孩子沟通，不仅符合孩子的心理需求和特点，而且还可以缩短亲子之间的心灵距离，促进亲子之间的思想和情感的沟通交流。

### 2. 避免情绪化

当孩子犯了错，或是反复出现同样的错误时，父母的第一反应就是很无奈、很生气，这是正常的情绪，所以父母没有必要自责。但是父母如果在给孩子提建议时用指责、怀疑、挖苦、贬低等不良语气，那这个建议就变成了父母情绪的载体，如此一来，孩子自然而然不乐意遵从。因此，在给孩子提建议时，父母一定要避免情绪化，采用温和的语气把建议说给孩子听，这样才有助于孩子从中意识到自己的错误，并改正错误。

# 抛弃一贯的命令式沟通

不管是爸爸还是妈妈，谁也不能代替孩子成长。基于这个原因，即使是将孩子带到这个世界上的父母，在要求孩子做某件事情的时候，也要抛弃一贯的命令式沟通。

当父母以命令的方式强迫孩子做什么或是不做什么时，孩子的逆反心理就会被激发出来，就会往父母要求的反方向去做。因为随着年龄的增长，孩子的自我意识逐渐觉醒，他们更加关注自己，同时也渴望得到别人的尊重。很多时候，孩子反抗不是因为事情本身，只是不喜欢父母命令的语气。在这种情况下，父母如果能够根据自己的实际经验给孩子一些中肯的建议，让孩子自己做决定，那么不管结果是对是错，孩子都会得到亲身体验的机会，从而获得较为深刻的生活经验。

形形是一个粗心大意的女孩子，经常丢三落四。一天，她放学回家后高兴地对妈妈说："妈妈，我们明天要去夏令营哦！而且，听老师说还要去森林里呢！"

妈妈说："哦，是吗？那你可要把需要的东西都带好呀！"

"放心吧，我自己来弄，一定能准备好。"彤彤拍着胸脯，信心满满地说。

妈妈看到彤彤开始把衣服、鞋子、洗漱用品和小食品等东西收拾起来。彤彤收拾好之后，就让妈妈来看，以表示自己很能干。妈妈过来一看，发现彤彤带的衣服都是薄的，没有厚外套。但是妈妈很有智慧，她只是提醒彤彤："彤彤，山里的气温可比平原地区低很多。你自己要考虑清楚带的东西够不够，还缺不缺什么。"

彤彤得意地说："您就放心吧，我全都准备好啦！"听彤彤这么说，妈妈就没再说什么了。

两天后，彤彤从夏令营回来了。妈妈问彤彤："这次的郊外玩得怎么样啊？开心吗？"

彤彤说："开心倒是挺开心的，可就是衣服带错了，我没带一件厚衣服，晚上的时候冻得够呛。我没想到山里面居然那么冷！"

"是吗？这可以说是个教训呀，以后要是再有这样的活动，你应该知道怎么办了吧？"妈妈引导彤彤反省她粗心大意的坏毛病。

"以后我出行之前一定要像爸爸一样，先列一个清单，想一想，然后再问问您，到底需要什么东西，要准备充分一些才对。"

听到彤彤这么说，妈妈欣慰地笑了。

彤彤的妈妈很聪明，她没有像一般的家长那样命令孩子"山里那么冷，你得把厚衣服带上"，而是给彤彤指出了"山里面会很冷"的事实，并提醒她"有没有少带了什么"，借此希望她能够意识到"要带厚外套"。显然，粗心的彤彤并没有听出妈妈的弦外之音，其结果就是自己在山里冻了两天。但不论是山里气温低的常识，还是自己丢三落四的毛病，都会让孩子印象深刻。<u>由于自身原因而造成的后果，孩子多半是愿意承担</u>

后果的，因为这是人的天性，就像有的孩子在玩父母嘱咐过不让玩的东西受了伤时，他就能忍住不哭；而如果被别人不小心碰了一下，他就会哇哇大哭起来。

　　有时候，孩子之所以会跟父母抵抗，往往是因为父母的过度控制和保护，父母的所作所为是导致孩子不听话的最直接原因。当孩子与父母作对时，父母首先要反省自己，是不是在对孩子下命令？是不是在责备孩子？是不是唠叨个不停？只有父母的情绪稳定下来，采用心平气和的语气和孩子交流，孩子才愿意听父母说话。

# 不将自己的意愿强加在孩子身上

《论语》中有一句话是"己所不欲，勿施于人"，意思是说自己不愿意要的，不要强加到别人身上。其实，把这句话反过来说也很有道理，即"己之所欲，勿施于人"。也就是说，自己想要实现的愿望，同样不要强加到孩子身上。每一位父母心里都有对孩子的期盼之情，但是千万不要强行将自己的愿望加到孩子身上。有时候，父母对孩子的愿望即便是好的，但没有顾及孩子的能力发展、情绪状态、智力水平等方面的因素，就会成为孩子的压力来源，不仅对孩子的成长没有帮助，反而会让孩子迷失自我，甚至导致孩子心态失衡、走上极端。

事实上，父母把自己的意愿强行加到孩子身上，往往会事与愿违。因此，父母应该学会从孩子的角度看问题，多与孩子进行沟通，了解孩子的内心世界，引导孩子成为他自己想要成为的人。

轩轩的舅舅送给他一辆新款的儿童自行车，轩轩非常喜欢，所以一有时间就到楼下骑车玩。一个冷天，刮着大风，轩轩想去外面骑车，因而对妈妈说："妈妈，我想去楼下骑车。"

妈妈说："今天太冷了，别去骑车了吧，况且我也没时间陪你出去。"

"可是我想去，那我自己去好了，不用你陪我。"轩轩倔强地说。

"天这么冷，很容易感冒的。而且刮这么大的风，骑车会很累的。"妈妈说出了自己的担忧。

轩轩坚定地说："没关系的，放心吧，我会小心的。"

妈妈见轩轩想要骑车的态度如此坚决，就想出给孩子提供两个备选方案的办法来，于是向轩轩建议："轩轩，要不你今天在家里画画，或者看你喜欢的《熊出没》，怎么样？等天气好的时候我再陪你去骑车好吗？"

但此时的轩轩对画画和看动画片都没有兴趣，仍然坚持出去骑车。无奈，妈妈只好找了一件厚外套给轩轩穿上，然后陪着他下楼。

在小区楼前的空地上，轩轩勇敢地骑上车，转着圈地行驶。他用力地蹬着，看起来很开心，似乎也很有成就感。骑了一会儿，轩轩或许是骑得累了，或许是冻得冷了，对妈妈说："妈妈，我们回家吧，回家画画去，我要把我骑车的样子画出来。"

"好啊，回家去画画，妈妈期待着你的大作。"


小孩子的想法往往是突然而至的，他们的现实观念还没有发展成型，所以总会天真地以为什么事情只要想到了就能够做到。轩轩想骑自行车，他考虑不到外面的天气如何，只是一心想要出去。但大人就不一样了，大人的生活经验丰富，对身边事物有较为全面的了解，能够预见事情发展的态势。妈妈建议轩轩先做些别的事情，因为天气太冷不适合外出骑车，但在轩轩的坚持下，妈妈最后还是陪着他出去了。这样一来，既满足了轩轩的心愿，也加深了他对周围环境的了解，最主要的是得到了妈妈支持后他内心感受到了妈妈的爱和关怀。

黎巴嫩诗人纪伯伦写过一首关于孩子的诗，内容就是父母不应将自己的思想强加给孩子，而是要尊重孩子的个性，让孩子拥有自由成长的空间。

### 论孩子

你们的孩子，都不是你们的孩子。

乃是生命为自己所渴望的儿女。

他们是凭借你们而来，却不是从你们而来，

他们虽和你们同在，却不属于你们。

你们可以给他们以爱，却不可给他们以思想。

因为他们有自己的思想。

你们可以荫庇他们的身体，却不能荫庇他们的灵魂。

因为他们的灵魂，住在明日的宅中，那是你们在梦中也不能想见的。

你们可以努力去模仿他们，却不能使他们来像你们。

因为生命是不倒行的，也不与昨日一同停留。

你们是弓，你们的孩子是从弦上发出的生命的箭矢。

那射者在无穷之中看定了目标，也用神力将你们引满，使他的箭矢迅疾而遥远地射了出去。

让你们在射者手中的弯曲成为喜乐吧；

因为他爱那飞出的箭，也爱那静止的弓。

建议式沟通，即父母可以将自己的想法告诉孩子，对孩子提出合理化的建议，但父母的想法和意愿并不能代替孩子的想法和意愿，一定要避免主观地将自己的想法和意愿强加给孩子，要尊重孩子的自尊心和自主性，允许孩子有自己的主张，对孩子的决定（不触碰家长原则的情况下）表示支持。

# 多把决定大权交给孩子

　　日常生活中，父母经常需要说服孩子去做一些事情，或是孩子与自己的意见相左时，要让孩子听从自己的建议。但是孩子往往会跟父母唱反调，你越是让我往东，我就越往西，偏不听你的。其实，和孩子沟通也是有技巧和规则的，父母要想达到目的，多把决定大权交给孩子，也不失为一种高明的沟通方式。

　　有研究表明，父母总是替孩子做决定，在这样的家庭环境中成长起来的孩子常常缺乏判断力和选择的能力，而且缺乏责任感。因此建议父母多把做决定的机会交给孩子，让孩子从做决定中培养独立的能力，享受自我成长的快乐。

　　思哲是一个8岁的小男孩，因为爸爸妈妈工作忙，爸爸就把奶奶接到家里来照顾思哲。思哲虽然有点小叛逆，但爸爸妈妈对思哲是很宽容的，每当遇到亲子间的分歧时，他们一家三口就会召开家庭会议，探讨谁的做法最好、最可行。可奶奶一来，家里的事情全都变成奶奶说了算，尤其是和思哲有关的事情。思哲吃什么，喝什么，和谁一起玩，都要经过奶奶的安排和同意才行，思哲自然不会乖乖服从奶奶的管教。

一次，思哲把邻居家的小伙伴谦谦叫到家里玩。两人拍卡片正拍得起劲时，奶奶突然说："瞧你俩把客厅搞得这么乱！别玩了，要玩就玩点别的吧！"

"不玩别的，就玩这个，怎么了？"思哲半气愤半挑衅地说。

"真是不听话！"奶奶的气也不打一处来，"我说，这是谁家的孩子，你在你家也这样闹腾吗？"

谦谦听了奶奶的话感到很难为情，于是小声对思哲说："思哲，我要回家了。"

思哲说："别走，我们接着玩！"

"不了，我要回家了！"说完，谦谦就走了。

谦谦走后，思哲把卡片踢了一地，还把沙发上的靠垫、茶几上的杂志全都扔到地上。"全都怪你，你凭什么要管着我啊？"奶奶不理思哲，任凭他发脾气。

晚上爸爸妈妈下班得知这件事后，妈妈觉得奶奶的管教太细致了，使得孩子没有一点自由，于是就和爸爸商量把奶奶送回去。爸爸和奶奶商量了一番，奶奶也同意回家了。等奶奶走后，妈妈将全职工作改成在家兼职工作，这样一来就可以在家照顾思哲了。

和妈妈在一起的思哲性情变得温顺多了，因为妈妈从不过多地干涉思哲做什么，而且在选择食物、衣服、阅读书目等很多东西时，妈妈都会先询问思哲的意见，并把决定大权交给思哲。

从案例中可以看出，思哲的奶奶对思哲的管教几乎不近人情。奶奶的做法是不给孩子自己做决定的机会，这会让孩子变成没有主见、依赖性强的人，由于思哲的性格比较叛逆，并没有听从奶奶的管教。相反的，思哲妈妈的做法就很明智，她把很多能让孩子做决定的事情都交给思哲，让他来行使决定大权。

作为父母，应该懂得，孩子在稍稍懂事的时候（5~7岁），就开始期待着各种各样的做决定的权利，这时候，父母让他们决定看什么书，买什么玩具，交什么样的朋友等，能够锻炼他们的独立能力。如果长期剥夺孩子的决定大权，替孩子包办一切，那必然造成这样不良的后果：在遇到难题的时候，孩子首先想到的不是依靠自己的智慧与能力去解决，而是寄期望于他人的帮助。一旦他所依赖的人不能再帮助他时，他就会陷入不知所措的茫然境地。因此，父母与这个阶段的孩子沟通，要注意倾听和尊重他们的意见，还要适当放手，能让孩子自己做决定的事情，就让孩子自己去决定。

### 1. 提供给孩子两个可行的方案

亲子沟通中，父母与孩子产生冲突时，父母把自己能够接受的方案做成两个选项提供给孩子，让孩子做最后的决定。这样一来，不论孩子做出哪种选择，父母都能够达到平息亲子冲突的目的。相信这种不着痕迹的沟通方式，一定会有出其不意的效果。提供给孩子两个可行的方案，这种沟通方式适用于与年龄小的孩子交流。

### 2. 多向孩子提出开放式的问题

如果孩子的年龄较大，那就需要父母与孩子平等地沟通、协商。在与孩子协商时，父母要有技巧性地征询孩子的意见，提出孩子能够给出答案的开放性问题，比如"你是怎么想的呢""接下来你打算怎么做"。这样能让孩子说出心中最真切的想法，从而给孩子提出最合理的建议，但最终的决定权要视情况而定，能交给孩子决定的，就要尽量交给孩子。

# 称赞孩子为成功而付出的努力

　　生活中，很多父母都会向别人夸赞自己的孩子很聪明，即使孩子考试没考好，也会对别人说"我们家那孩子聪明着呢，就是太马虎了，总爱出些小错误"。殊不知，父母这样的做法并不可取。聪明是一个人先天的因素，并不能体现后天的努力。如果你总是夸奖孩子聪明，那孩子就会认为"我这么聪明，什么知识都一学就会，就不用努力学习了"。事实并非如此，自作聪明的孩子往往不能取得好的成绩。

　　有研究人员进行过一项实验，他们将一个班级的孩子分成两组，让他们解决同样的问题。孩子们答得都很好，然后研究员对其中一组孩子说："答对了7道题，你们真聪明。"对另一组孩子说："答对了7道题，你们很努力。"接着，研究员又给孩子们两种任务选择：一种是具有一定挑战性的；另一种是很容易完成的。结果被夸聪明的孩子大部分选择了容易完成的，而被夸努力的孩子90%以上选择了具有挑战性的任务。可见，称赞孩子努力比夸赞孩子聪明更能激励孩子成长进步。

　　**晨曦上幼儿园时就已经学会了很多英语单词，所以升入一年级后英语**

学习得很顺利，在第一次英语测试中得了100分。妈妈一看晨曦考了100分，立即表扬他："晨曦真聪明，一考就考了100分。"从此以后，每次考试晨曦一得100分，妈妈就会夸他聪明。

没想到，进入二年级后，晨曦的英语成绩明显不如从前了。连续两次考试，晨曦都只得了80多分。在妈妈给晨曦开家长会的时候，班主任兼英语老师问妈妈："晨曦妈妈，您是不是经常夸晨曦聪明呢？"

"是啊，每次晨曦考得好时，我们都会夸他聪明。"妈妈如实回答。

"我说呢，每次在讲新单词的时候，其他同学都认认真真地朗读、练习，只有晨曦不专心，还说'我这么聪明，几个单词一下就能记住'。"老师这才恍然大悟，并建议妈妈，"希望您以后不要再夸奖孩子聪明了，夸孩子聪明会让他产生骄傲心理，不利于他的进步。"

妈妈认为老师说得很有道理，在以后的日子里，妈妈督促晨曦背单词，听听力，陪着他一起努力。

很快，期中考试的成绩出来了，晨曦这次的英语成绩有了很大的进步，他高兴地将试卷拿回家给爸爸妈妈看。

"哎哟，不错哦，这次考了90多分，比上次好多了呀。"爸爸笑着说。

"的确是，看来你努力背单词、听听力还是管用的，继续努力，争取下次考得更好。"妈妈不再夸晨曦聪明，而是肯定他努力的方面。

"嗯，我一定会努力的。"晨曦听了爸爸妈妈的话很高兴，而且他决定以后更加努力，不单努力学习英语，还要努力学习其他科目。

夸聪明还是夸努力，对孩子的影响是不一样的。常被妈妈夸奖聪明的晨曦产生了不用努力也会取得好成绩的不良心理，结果在之后的考试中屡遭失利。妈妈得知这个原因后立即改变称赞方式。晨曦的努力被妈妈肯定以后，促使他下定继续努力学习的决心。因此，作为父母，在孩子取得较好成绩的时候，不要只是夸孩子"你真聪明"，否则孩子往往会沾沾自喜，不会为下一次的考验做出努力。

　　父母称赞孩子的努力，才能让孩子更有前行的动力，在他们遇到挫折或挑战的时候勇往直前。即使最后没有达到预期效果，孩子也会考虑自身的原因："是不是我的努力还不够"。因此，父母要引导孩子关注完成任务的过程，称赞孩子为取得成功而付出的努力，称赞他的坚持与方法。这时，你就会发现孩子变得越来越努力，对自己的要求也越来越高。

　　有时候，孩子明明已经非常努力但是依然没有取得想要的结果。在这种情况下，父母不要心急，否则孩子内心会更焦虑，要从客观的角度上考虑，给予孩子切实可行的建议，帮助孩子意识到自己努力的方式或方向可能是不对的。如此一来，孩子便会改变自己的看法，从而从萎靡不振的状态中走出来。

**给孩子的建议，需简短明晰**

　　孩子在成长的过程中总是会遇见各种各样的问题，难免会犯一些"低级"错误，这时候，父母合理的建议对孩子来说就像是一场及时雨，能快速帮助孩子化解难题。那么，何为合理的建议？父母应该怎样建议孩子才算合理？除上述几节中提到的建议方式外，给孩子提建议时做到简短明晰也是很重要的一点。

　　面对孩子成长过程中出现的问题，有些父母常常在事前提醒，事后责骂，千方百计地去补救，结果是大人磨破了嘴皮，孩子却一点感觉也没有，甚至还嫌大人烦。下次呢，该错的还错，该忘的还忘。父母心里最纳闷的是："为什么跟孩子说那么多遍，他还是记不住呢？""多说一遍，多提醒他一次，他不就能多注意了吗？""不说不行，说多了不听，到底应该怎么办呢？"

　　古语说得好，"山不在高，有仙则灵"，父母在给孩子提建议的时候也是一样，无论你的想法有多完美，有多合乎逻辑，只要你把短话说长，絮絮叨叨，孩子就会很反感。因此，父母有必要在给孩子提建议前，先在心里组织好语言，然后有针对性地、简明扼要地向孩子提出建议。这样一来，孩子就比较容易接受父母的建议了。

嘉航是二胎政策开放后爸爸妈妈才生的宝宝，姐姐珈珈比他大了15岁，虽是姐弟，但姐姐就像是嘉航的"小妈妈"。爸爸妈妈工作忙，所以姐姐的闲暇时间基本上都用来照顾嘉航了。凡是嘉航喜欢的，姐姐都会让给他，让他开心；嘉航有什么不明白的，姐姐也会耐心地给他讲解，帮他成长。

一次，爸爸的同事带着孩子露露到家里做客。姐姐让嘉航陪露露玩，自己则陪爸爸的同事聊天，等着爸爸回来。

不一会儿，两个孩子吵了起来。姐姐走过去，问："怎么了？出现了什么问题？"

"我也想玩遥控赛车，可是嘉航把着遥控器不给我玩。"露露抢先对姐姐说。

姐姐对嘉航说："嘉航，露露来家里做客，你应该和露露一起玩才对啊，怎么不给露露玩呢？"

"我把那个赛车给她玩了呀，是她自己不玩，非跟我抢这个！"嘉航解释。

姐姐了解情况后，拿着另一款赛车对露露说："露露，嘉航喜欢玩那个赛车，你玩这个可以吗？"

"不，我也要玩那个。"

这下就难办了，姐姐知道嘉航的个性，占有欲很强。可露露是客人，应该先顾着露露才对啊！思来想去，姐姐对嘉航说："嘉航，这个赛车是你的，你什么时候都可以玩。现在露露来了，你先让给她玩一会儿，等她走了，你想玩多久就玩多久，不是吗？"

听了姐姐的话，嘉航有些动摇，然后将手中的遥控器交给了露露。一件棘手的事情就这样解决了。

小孩子都有"扎堆"心理，面对非要和嘉航玩一个遥控赛车，嘉航又不肯给她玩的露露，姐姐显得很为难，所以只好劝弟弟，给弟弟提建议。姐姐知道嘉航有很强的物权意识，于是就针对这点向嘉航提出了"赛车还是属于你的，你只是给她玩一会儿而已"的建议。

由此证明，父母采用简单明了的建议更容易被孩子接受。那么怎样向孩子简明扼要地提建议呢？父母应该参考以下几点。

### 1. 保留意见，先让孩子说出他的想法

每当出现问题时，孩子心里都有自己的想法，因此父母可以先问问孩子是怎么想的，听听孩子内心的感受，然后再针对孩子的意见做出总结性的反问。运用反问法，比如"你觉得呢""你怎么想"等，既能让孩子说出心中的想法，又为父母提出简明扼要的建议提供了基础。有时候，根本无须父母给出任何建议，孩子自己的想法就是解决问题的最佳办法。

### 2. 不要啰唆，把建议具体到问题的根本

父母在给孩子提建议的过程中，说太多话未必能够起到很好的效果。不啰唆，把话说到点子上，才会让孩子心服口服。比如，孩子做作业不认真，麻痹大意，父母就可以对他说"你做得不够努力，该做的事情就要认认真真地做好"。

### 3. 找准时机，在最合适的时候提出建议

孩子在遭遇挫折或是获得成功时，是最需要他人的帮助和提醒的，这时候父母用简短明晰的建议启发孩子，告诉孩子"胜不骄，败不馁"，就会对孩子产生极大的影响。相反，同样的建议如果放在平时，就会显得苍白无力，起不到应有的作用。

第十章

约定式沟通——提升安全和信任感，
激发孩子的诚信精神

## 对孩子保持始终如一的姿态

"沟通"这两个字，做父母的都知道它的重要性，问题是沟通的方式和内容。有些父母非常宠溺孩子，即使孩子犯了错也会选择忽略，甚至还会当作玩笑供人取乐，而有时又会用命令和威胁的方式让孩子服从自己的管教。这样的沟通方式只会让孩子摸不着头脑，不知道自己到底应该怎么说、怎么做。因此，在亲子沟通的过程中，父母应对孩子保持始终如一的姿态，不因孩子年龄小就无端宠溺，也不因孩子一时不服从管教就责骂、批评。

父母的言传身教永远都是家庭教育的关键，特别是有关人际沟通方面，父母说些什么、用什么样的语气说出来等，都会对孩子产生潜移默化的影响。如果父母习惯了一会儿用一个标准来要求孩子，朝令夕改，那孩子能不受到这种坏习惯的影响吗？

晖晖3岁了，妈妈打算等到秋天就把他送进幼儿园。为了纠正晖晖睡得晚的坏习惯，妈妈给晖晖定下了每晚九点半就要上床睡觉的规定。

一天晚上，已经九点四十了，晖晖仍拿着遥控器坐在电视机前看动画片。

见状，妈妈说："晖晖，现在已经快要十点了哦，该去睡觉了。"

"不，我要看电视。"晖晖倔强地说。

妈妈假装很生气："不可以！我们不是说好每晚九点半准时睡觉吗？"

"再让他看一会吧，他下午睡了一觉了，估计现在也不困，等他困了自然就睡了。"爸爸说。

"这怎么能行呢？这规律一旦打乱了岂不是前功尽弃了，不行，到点了必须去睡觉。"说着，妈妈强行把晖晖抱进卧室，完全没有顾忌晖晖的感受。晖晖又哭又闹，妈妈哄了半天才终于把他哄睡着。

又一个周末，妈妈带着晖晖去大学舍友林阿姨家做客。既是老同学又是好朋友的两个人，聚在一起有聊不完的话题，晖晖则待在一旁看卡通漫画。很快，到了晚上九点，晖晖拿着漫画书哈欠连天。"妈妈，我们回家吧，我想睡觉。"晖晖揉着眼睛说。

"晖晖听话，妈妈再和林阿姨聊一会儿，你先看会漫画，要不然看看电视吧，怎么样？"

晖晖有些不耐烦，说："不想看，想睡觉。"

"你看这孩子，一点也不听话，这么一会儿就坚持不了了！"妈妈跟林阿姨说。

听妈妈这么说，晖晖心中充满了疑惑：不是说要准时睡觉吗？为什么我不睡觉说我不听话，我想睡觉了还说我不听话？我应该听哪句话呢？

从上文的案例中可知，妈妈与晖晖之前已约定好晚上九点半要按时睡觉，晖晖不困、不想睡的时候，妈妈要强制执行规定，可晖晖困了想要睡觉的时候，妈妈却让他再坚持一会儿。显然，面对同一问题，大人这种前后不一致的做法是不可取的。如果想让孩子遵守约定，父母就要以身作则。如果自己本身经常违反与孩子的约定，孩子就会嘲笑父母"自己从来都不遵守约定"，而且不会再把父母说的话当回事。

对于父母与子女之间的约定，父母首先要严格遵守，并对孩子的管教持始终如一的态度。始终如一就是指当某件事或是某种情况发生时，父母坚持用同一种方式去处理。也就是说，父母在与孩子沟通时，不会随意更改以往对孩子承诺的态度，这样一来，孩子就会加深对父母的信任，从而获得更多的安全感。那么，父母应该怎样在亲子沟通之中保持始终如一的姿态呢？

### 1. 父母要保持稳定的情绪

日常生活中，经常会遇到这样的父母，即自己心情好的时候对孩子宠爱有加，孩子说什么就是什么，不管对错；而当自己心情不好的时候，对待孩子的态度则截然相反，不管孩子说什么都被认为是无理的。这种教养态度会让孩子无所适从，以至于遇到问题的时候会战战兢兢，先琢磨父母的心情，而不是考虑问题本身，这样的孩子在成长的过程中容易失去自我。因此，父母要尽量保持较为稳定的情绪，才能对孩子保持始终如一的态度。

### 2. 制定的"家规"不能变

说什么就是什么，这是约定式沟通中最重要的一点。要想做到这一点，父母与孩子所制定的"家规"，首先在父母那里不能改变，这样孩子心里才会有底。比如，父母要求孩子做一件事，如果孩子完成不了，他就必须放弃玩耍的时间来完成。这样一来，孩子为了能够拥有充足的玩耍时间，就会在规定的时间内认真地完成任务。也就是说，父母对同一问题保持始终如一的教养态度，才能让孩子"有法可依"。

## 大人的承诺，要一言九鼎

　　现在家庭教育中普遍存在的一个问题就是父母对孩子轻易许诺。也许大人觉得向小孩子许下一个承诺并没有什么特殊含义，但在孩子心里承诺的意义重大，一旦大人的诺言没有兑现，孩子对父母的态度就会改变，他们会认为父母是不守承诺的大骗子。

　　所以，如果父母已经向孩子许下承诺，那就该履行自己的诺言，尽力满足孩子的愿望。这样才能树立家长的威信，发挥许诺的积极作用。在向孩子许诺前，父母要考虑应不应该许诺；许诺以后就一定要实现承诺。否则，许了诺却又不兑现，就相当于给孩子开了一张"空头支票"，这样会打击孩子的自尊心，让孩子失去对父母的信任，甚至还会让孩子错误地认为承诺也就是随便说说，不需要对承诺负责，以致对孩子造成不守信用的不良影响。

　　曾子是孔子的弟子。他不但学识渊博，而且为人正直，诚信待人，从不欺瞒别人。即使在教育孩子时，他也是言必信，行必果，从不对孩子食言。

　　一天，曾子的妻子要去集市上，她的孩子哭着闹着非要跟着去。因此，她就骗孩子说："好孩子，在家里等着妈妈回来，妈妈回来给你杀猪吃。"

孩子听了妈妈的话，立刻给妈妈"放行"，自己高高兴兴地待在家里，并且想象着猪肉的美味。左等右等，妈妈终于回来了，孩子一下子跑到妈妈身边，对妈妈说："妈妈，快点杀猪吧，我都等不及了呀！"

没想到妈妈却说："杀猪？那可是咱们一家人半年的生计啊，怎么能杀掉呢？要等到过年的时候，我们才能杀猪！"听了妈妈的话，孩子号啕大哭。

曾子知道孩子为什么哭后，一言不发，转身去厨房拿了一把刀。妻子一见曾子拿刀走向猪圈，连忙阻止说："我只不过是和孩子开开玩笑，哄他听话的，你居然信以为真了？"

曾子说："对孩子说的话必须兑现。因为孩子没有思考和判断能力，等待着父母去教他，听从父母的教导。现在你欺骗孩子，就是在教他欺骗别人。母亲欺骗了孩子，孩子就不会相信他的母亲，这不是来教育孩子成为正人君子的方法。"听了曾子的话，妻子哑口无言。

结果，曾子真的杀了猪，让孩子高高兴兴地吃了一顿猪肉，并且告诫孩子：只要是答应别人的事，就一定要做到。

显然，曾子的妻子对孩子说杀猪只是一句玩笑话，然而曾子考虑的却是关乎孩子成长的诚信问题。他在孩子面前树立了威信，也教导孩子要信守诺言，这样一来，孩子长大以后也会像曾子一样，成为信守诺言的谦谦君子。

相信有很多父母的承诺在很大程度上带有盲目性、应付性，甚至还带有一定的欺骗性，这是一定要杜绝的。当父母跟孩子承诺又不兑现的时候，孩子很容易就会想"爸爸妈妈说话不算数""爸爸妈妈是个大骗子"，这样会破坏父母在孩子心目中的形象。因此，在亲子沟通中，父母要做到言必信，行必果，对孩子许下的承诺，要一言九鼎。

在约定式沟通中，关于大人的承诺，父母可以参考以下两种方法。

## 1. 要么不承诺，承诺了就要兑现

父母在与孩子相处时，孩子难免会出现一些突发状况，比如哭闹等，这时候父母千万不要轻易许下并不打算兑现的承诺来哄骗孩子。如果真心想用承诺的方式来让孩子平静下来或是开心起来，那么父母就要说真话，对孩子的许诺一定要兑现，给孩子做出榜样。如此一来，孩子也会像父母一样，对自己说出的话负责，而且也会更愿意与信守承诺的父母交流。

## 2. 没有把握的事，不要随便向孩子许诺

当孩子向父母提出某项合理的要求，比如想买一架钢琴，想要到国外旅行时，但是由于经济条件或是其他原因，父母一时间没有能力帮孩子实现愿望，就不要说"等爸爸妈妈发工资了就买给你""等过些时间就带你去"等糊弄孩子的话，而是应该向孩子诚恳地说明原因，讲清道理，并对孩子表示歉意，这样孩子是会体谅父母的。拒绝向孩子承诺没有把握的事情，远比开"空头支票"更有利于孩子的成长。

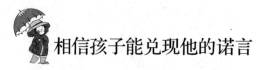
## 相信孩子能兑现他的诺言

现实生活中，父母经常会听到孩子说"我明天一定按时睡觉""我下个周末一定先做作业，然后再玩"之类的话，可结果往往不像孩子承诺的那样。转眼间，他们就会忘记自己说过什么，即使记得也不会严格要求自己按照承诺去行事，这是因为他们还没有认识到承诺的重要性。不注重自己的言行，不懂得信守承诺，这样不良的行为会影响人的一生。所以，父母一定要在孩子还小的时候，对孩子进行诚信教育，教育孩子要说到做到，做一个信守承诺的人。在教育孩子遵守承诺时，父母要做的不仅仅是说教，更主要的是从内心里相信孩子能够兑现他的诺言，并使用正向的语言强化孩子兑现诺言的力量。

周末，妈妈带着晓宇去了趟农业展览馆，晓宇玩得很开心。按暑假作业的要求，晓宇本周还差一篇周记，于是他打算写一篇关于农业展览馆的见闻。晚上，妈妈见他迟迟没有动笔的意思，就悄悄提醒他，但他对妈妈说："妈妈你就别管了，明天一早我保证能写完！"第二天上午十点多钟了，晓宇一边忐忑地给妈妈看他的作文，一边气馁地说："看吧看吧，你肯定觉得不行！"

妈妈认真地看着晓宇的作文，从行文来看这可以说是一篇流水账，但妈妈抬起头微笑着对他说："妈妈觉得没有你说的那么差啊！时间、地点都有，去哪里、看了什么也都写清楚了，基本要求都达到了，不过对于你这个才子来说，这篇不能算你的代表作就是了……"

"妈妈，我打算重新写一篇！"听到妈妈如此评价，晓宇下决心般地说。

"哇哦，你真是完美主义者呀，那我就期待你的大作啦！"妈妈做出十分神往的样子，逗得晓宇笑了起来。

一会儿，晓宇就写好了一篇新的作文，他绘声绘色地给妈妈读了一遍，这篇比前一篇好了很多，描述生动，用词贴切，结尾扣题。妈妈说："这是一篇好作文了！晓宇你的写作能力越来越好了！"

"哦？是吗？"写完作文的晓宇似乎又想起了什么，沮丧地问妈妈，"可是妈妈，现在都已经中午了，我没有达成早上就写完作文的承诺，我是一个不守信用的人。"

妈妈说："妈妈可不这样认为，你早上就开始写了啊，而且完成了，只不过是你自己觉得不满意又写了一篇而已。所以妈妈觉得你不仅是个信守诺言的好孩子，而且还是个对自己有很高要求的孩子。"

"真的吗？！"晓宇的眼睛变得亮亮的，认真地想了想说，"嗯，我也觉得我确实是追求完美的人！"

你用什么样的方式培养孩子，就能培养出什么样的孩子。同样是面对拖沓的孩子，晓宇妈妈对晓宇的信任态度显然是很多家长都没有的。在妈妈的鼓励与支持之下，晓宇保质保量地完成了作文，成功地兑现了他的诺言。这样一来，晓宇不仅能够养成诚信的好品质，还会对自己信心倍增，可谓一举两得。但与孩子沟通时，家长对孩子说的话要做到心中有数，对于孩子吹下的"牛皮"，父母要及时地阻止，防止孩子养成说大话的坏习惯。

与孩子约定后，父母应做到以下两点。

### 1. 在孩子还没有兑现诺言时，对孩子进行及时的鼓励

亲子沟通中，与孩子进行适当的约定和许诺是十分有必要的，但是约定和承诺必须要有鼓励性和激发性，使孩子能从中产生一种奋发向上的动力。为了兑现向父母许下的承诺，孩子往往会比平时更加努力，以证明自己真的是言而有信之人。当孩子忘记约定，或是在兑现承诺的过程中遇到难题时，父母可以通过暗示、鼓励等方式向孩子传递正向期待，让孩子感受到父母对自己的信任，以增加他们的干劲。

### 2. 当孩子违背诺言时，对孩子进行及时的引导

如果孩子总是违背诺言的态度得不到改善的话，当下违背小的承诺，那么将来就有可能违背重要的承诺，长此以往，孩子就会成长为言而无信之人。因此，当孩子违背诺言时，父母要对孩子进行及时的引导，让孩子意识到信守诺言的重要性。

比如拿孩子身边的具体情况来说："你不遵守承诺的话，身边的同学、朋友就会远离你，因为没有人会喜欢说话不算话的人。难道你想成为没有朋友的人吗？"通过引导，帮助孩子重新养成信守诺言的好习惯。

#  别用空头许诺来诱导孩子乖巧听话

　　孩子的脸就像六月的天，时而晴朗，时而阴雨。这是因为孩子的情绪是多变的，极易受外界的影响，且自身又难以控制，所以他们能在转瞬间破涕为笑。为了应对孩子情绪突发的"阴雨天气"，有的家长会用许诺的方式应对孩子，让孩子快速"晴朗起来"。这些家长认为孩子年纪小，所以对父母说过的话一会儿就忘干净了。其实，孩子的记忆力很好，即使他们偶尔忘记了父母的承诺，但终有一天他们还是会意识到父母没有兑现诺言的事实。

　　孩子是单纯的，他们愿意相信任何人，尤其是最亲近的父母。可以说，父母的承诺对孩子来说是最值得期待的未来。如果父母为了讨孩子的一时欢心，对孩子轻许诺言，给孩子开"空头支票"，如此一来，孩子就会失去对父母的信任，反而不再乖乖听话，变得多疑起来。


　　由于父母工作忙，梓桐常年和爷爷奶奶生活在一起，性情上难免有一点小公主式的倔脾气。周末父母偶尔会把梓桐接到身边生活。可在爷爷奶奶身边生活惯了的梓桐在妈妈身边并不是很听话。小的时候还好，妈妈随便一哄她就好了，例如：妈妈给你买冰激凌吃，带你去淘气城堡，给你买新的芭比娃娃……这样的许诺一说出来，不管事后实不实现，梓桐当时就不再哭闹了。可梓桐现在8岁了，她大体能分辨出大人说话的真假语气了。

一次，妈妈对梓桐说："梓桐，你要是去报"金话筒"（少年主持人培训班），妈妈就带你去上海迪士尼乐园。"

"你不是又在骗我吧？"梓桐不假思索地问。

"没有没有，妈妈怎么会骗你呢？"

"上次你说给我买泰迪熊，不就没买吗？"梓桐反问。

"那个小熊太贵了，要好几百呢，最后妈妈不是给你买了个大熊猫玩偶吗？"

"可我想要的是泰迪熊，不是大熊猫。"

"这次妈妈一定带你去迪士尼，好不好？咱们坐飞机去！"妈妈兴致勃勃地说。

受了迪士尼的诱惑，梓桐乖乖听了妈妈的话，每个周末都十分积极地去培训班练习发声和朗读。培训课程结束以后，梓桐问妈妈："妈妈，我们什么时候去迪士尼啊？"

"等妈妈把手头上的一点工作忙完，咱们就去。"妈妈允诺道。

梓桐左等右等，就是等不到妈妈工作忙完的那一天，妈妈也不再提去迪士尼的事。这次，梓桐对妈妈彻底失望了。吃晚饭的时候，梓桐对妈妈说："妈妈，迪士尼我不想去了，以后你说的话我也不会相信了。"

这时，妈妈突然意识到事情的严重性，说："对不起，梓桐，妈妈都忙晕了，把去迪士尼的事抛在了脑后。不过，请你再给妈妈一个机会，妈妈现在就订机票。"

"别订了，我现在已经不想去了。"梓桐淡淡地说。

面对梓桐的反应，妈妈陷入了沉思。

从上面的案例可知，许诺对于梓桐的妈妈来说不过是一种"教育"孩子听话的方式，她总是通过许诺来实现让孩子变得听话的目标。梓桐的妈妈一而再，再而三地对梓桐许下承诺，然后再将其抛在脑后，以至于梓桐提前拥有了成人般的漠然与无奈。梓桐的妈妈这才不得不对自身的行为进行反思：自己总是用哄骗的方式来对待梓桐，这样的做法是不对的。

将心比心，父母如果站在孩子的立场来考虑，体会自己被最亲近、最信任的人欺骗时的感觉，就会了解孩子的心情。实际上，孩子比大人要敏感得多，他们承受的欺骗所带来的伤害也远远比大人要深，只是他们不会表达出来而已。但父母千万不要忽略孩子的感受，如果在被欺骗的同时又被忽略了自身的感受，孩子不仅会对父母失去信任，还会封闭心灵之窗，开始变得冷漠多疑，从而产生心理疾病。

## 孩子成绩不好时，承诺和他一起进步

孩子学习成绩不好，不爱学习，很多父母都会抱怨孩子不够努力，却不会考虑自己对待孩子学习的态度是否有问题。请家长朋友回忆一下，以下这些不利于孩子学习进步的做法，在你的身上是否存在？

1. 经常对孩子说类似"你就不是学习的料"等负面语言。

2. 孩子功课做得好或是成绩有进步时，不会对孩子进行任何表扬和夸赞。

3. 没有固定的亲子阅读时间，也不会和孩子探讨某本书中的内容。

4. 没有和孩子谈论过新闻或电影，不去拓宽孩子的视野和知识面。

5. 从没有鼓励孩子使用优美而精确的词语来表达他想说的话。

6. 不知道孩子的任课老师是谁，也不知道孩子最近的学习内容是什么。

7. 不知道孩子喜欢的科目是什么，也不了解孩子对哪门功课最感兴趣。

8. 孩子在做作业时出现问题，不会及时地给予孩子帮助。

9. 没有告诉孩子"学习是了解世界的最佳途径"，而是对孩子说"学习是一件苦差事"。

10. 没有和孩子说起过将来要考的中学、大学，也没有引导过孩子谈自己的升学计划和未来的职业规划。

除了孩子本身的智力原因之外，家庭环境对孩子学习成绩的好坏也起着重要的影响。在家庭环境因素中，父母与孩子在学习方面的沟通显得尤为重要。往往孩子的学习情况得到父母的关心时，孩子会比较有上进心和学习热情，反之，孩子则会有"反正学不学都一样，干脆不学了"的消极心理，严重者还会产生厌学心理。所以，为了孩子学习成绩的提高，父母要多与孩子聊聊学习上的事情，让孩子感受到父母对自己学习的关心。

孩子要想取得良好的学习成绩，就必须有良好的学习习惯。作为父母，必须想方设法通过沟通培养孩子的学习习惯。孩子只有养成良好的学习习惯，才知道主动地学习，才能取得事半功倍的学习效果。那么，对于学习成绩不太理想的孩子，父母应该怎样通过沟通的方式来帮助孩子成长进步呢？

### 1. 帮助孩子制订学习计划

有的父母每天只知道用简单的话催或训孩子，比如"用心点""你在学习时能不能认真一点？要专注一点"等。这样的话语只会徒增孩子的烦恼，而不会对孩子的学习状况产生积极的影响。所以，父母在训孩子之前，要先想一想自己的说话方式是否存在问题。如果有问题，那么父母就应该改变自己的做法，用切实可行的沟通来帮助孩子改正不良的学习习惯。

古语说，"凡事预则立，不预则废"，所以父母有必要和孩子聊聊学习方面的问题，然后与孩子一起制订一个切合孩子实际情况的学习计划。这样做既尊重了孩子的意见，又能对孩子的学习起到积极的促进作用，可谓一举两得。

### 2. 陪孩子一起克服学习上的困难

当孩子在学习上出现"停滞期"或是有厌学倾向时，父母不应该指责孩子，而应该对孩子进行引导，先表扬孩子之前付出的努力，再告诉孩子只要你继续坚持下去，很快就能打败学习上的敌人。此外，在固定的时间里，父母要和孩子交流学习的进展情况，帮助孩子尽早脱离"停滞期"、摆脱厌学倾向，陪孩子一起克服学习上的困难。

### 3. 亲子之间相互学习

当今社会，孩子在某些领域的学习能力要优于父母。这时候，父母应放下架子，主动向孩子请教。而孩子为了教好父母，他会更好地学习。与此同时，父母不耻下问和虚心好学的态度又能很好地传递给孩子。这样，孩子不仅会更加尊重父母，而且还会加倍地努力学习。

第十一章

面对特殊问题，父母如何
跟孩子沟通

# 二胎：引导大孩顺利走上接纳之旅

随着二孩政策的开放，很多家长都有再要一个孩子的想法，但这对于家里的大孩来说，却是一个困难重重的考验。原本父母的宠爱只属于自己，现在却要面临被另一个人夺走的风险，大孩的心理难免会有些失衡。那么父母在决定要二胎之前或是二胎宝宝出生后不久，应该如何和大孩沟通，做好大孩的思想工作呢？

父母在决定要二胎之前，可以开家庭会议讨论这件事。家庭会议上，父母要鼓励孩子说出自己的看法，不管是忧虑还是期盼（很少会有孩子期盼着父母要二胎，但不排除个别情况），父母都要先承认、肯定孩子的情绪，对孩子表示理解，这是顺畅沟通的渠道。如果孩子没有异议，父母就可以将二胎来临后的情况简要地说给大孩听，让他提前有一个心理准备。这样做，既让大孩觉得自己受到父母的重视，也有利于家长日后教育工作的开展。因此，父母决定要二胎是一个与大孩交流沟通的过程，而不是最后通知的过程。只有与大孩进行前期的沟通，日后家庭成员相处起来才会更加和谐美好。

二胎政策全面出台以后，王建松的心立刻就活泛起来，妻子赵蕙梓也很容易就被他说服了。他们夫妻二人都是"80后"，现在有一个7岁的儿子喆喆，夫妻俩都希望再要一个孩子与喆喆做伴，好让他在未来的人生道路上不至于太孤单。

"理想很丰满，现实很骨感"，喆喆一点也不愿意接受这件事。"如果你们再生小孩，我就把它扔进垃圾桶里"，这就是喆喆对待二胎的态度。此外，怀疑的目光、胡乱发脾气等种种迹象都表明喆喆对此真的很抵触。妈妈尝试着给他讲道理："喆喆，妈妈再给你生一个小弟弟不好吗？这样以后你就有玩伴了，你还可以当大哥哥保护他……"

"不要不要，就是不要！"

"喆喆，告诉妈妈，你不想要弟弟的原因是不是怕爸爸妈妈有了新的小孩后不再爱你了呢？"妈妈尝试着问他。

"哼！"喆喆双臂环胸，歪着头说，"这还用说嘛，再有了小孩，你们一定全都喜欢他，没人喜欢我了！反正就是不能再要小孩，只能要我一个。"

归根结底，原来喆喆是在担心自己的宠爱会被夺走。这样一来，事情就容易解决了。"喆喆，你是妈妈的大宝贝，妈妈会永远爱你的。妈妈想再生一个小孩也是为了你好，因为爸爸妈妈总有一天会离你而去，但是他却能一直陪伴你走下去。而且，即使有了小孩子，爸爸妈妈是不会忽略你的，我们依然会像现在一样爱你。"

听妈妈说了这么多话，喆喆好像也有点心动了："那……我改变主意了，我同意你们要小孩，但我不想要弟弟，我想要妹妹，就像雪晴阿姨家那个小妹妹一样。"

"原来喆喆是喜欢妹妹呀！"与大孩商量要二胎的事就这样解决了，妈妈的心里一下就轻松了。

　　大部分孩子都不希望父母再要一个孩子，因为人都有占有欲，小孩子的占有欲更是强烈，他们想要独占父母全部的爱，不想有人来分享。而且孩子越大就越有这方面的担忧，他们不想甚至害怕失去"小皇帝""小公主"一般的待遇。这对他们并不是件小事，这意味他们要失去单独和父母相处的快乐时光。但是，大孩的年龄越大，解决这种困扰的能力就越强，他们很快就能接受事实，并且喜欢上自己的弟弟或妹妹。

有了小妹妹，你是不是就不再爱我了？

怎么会呢？妈妈还会像以前一样爱你。

　　母亲在孕期的时候，要告诉大孩真实的情况，而不要向孩子撒谎。比如告诉大孩："有个小宝宝在妈妈的肚子里，等他（她）长大一点，他（她）就会成为我们家里的一员。"母亲还可以将怀孕的过程告诉给大孩，让大孩增加对新生命的认知。如果有人体百科全书，可以给孩子看看胎儿在子宫里是如何发育的。如果有机会的话，还可以让他听听胎儿的心跳，感受新生命的脉搏，让他对新成员的到来持有积极的态度。

当二胎宝宝出生以后，拥有两个孩子的父母一定不能只顾着二胎而忽略大孩，安抚大孩的情绪是与照顾二胎宝宝同样重要的事情。安抚大孩的情绪，父母可以参考以下两点。

### 1．理解大孩的心理

比如，大孩会说"我不喜欢他（她）"，父母不要否定大孩的说法，不要说"弟弟（妹妹）多可爱呀，你怎么会不喜欢呢"这样的话，否则只会让大孩产生自己不被人理解的心理，从而变得更加逆反，加深对弟弟（妹妹）的讨厌程度。父母不妨认可大孩的说法，说诸如"不喜欢他（她）是很正常的，他（她）这么小，除了吃就是睡，要么就是哭，而且还总需要有人陪在身边，真的是还没有什么招人喜欢的特征出现"这样的话。这样就把大孩的情绪正常化了，大孩也会产生被人理解的幸福感。

### 2．让大孩意识到父母的爱是平等的

孩子多是以自身的感觉做判断的，因此，如果父母的行为举止都是爱二胎宝宝的表现，即使嘴上对大孩说再多的"爸爸妈妈也是同样爱你的"，大孩也会觉得心灰意冷。父母一定要做到对两个孩子一视同仁，不因照顾二孩而忽略大孩的感受，也不因一方比另一方优秀就做比较、分等级。要让两个孩子都知道"你们对爸爸妈妈来说都是特别的，我们对你们的爱是平等的"。

# 缺陷：每个人都是被上帝咬过一口的苹果

没有人能够避免疾病和意外的发生，如果厄运之神降临在孩子身上，作为父母，应首先调整自己的心态，千万不要被"倒霉""不幸"等负面情绪占据内心。"既来之，则安之"，既然不能改变已经发生的事情，那么不妨好好规划一下未来之路怎么走。如果父母被现实压倒了，那孩子岂不是要承受更大的精神打击？

不管是面对孩子性格上的缺陷还是身体上的缺陷，父母都应首先了解孩子的心理，认真体察孩子的想法，然后与孩子进行及时的沟通，鼓励孩子从阴影中走出来。每个孩子都是独一无二的，父母要肯定和挖掘孩子独特的美，从而培养孩子阳光的心态，让孩子开心快乐地成长。

悦悦原本是一个活泼好动、乖巧可爱的女孩子。可是7岁那年，她跟奶奶回乡下玩，在摘杏儿时不小心从墙上摔下来，导致右腿骨关节严重脱落。尽管做过一次大手术，但悦悦的腿已经不能像从前那样灵活了，走路也有一些跛。从那以后，悦悦就变得郁郁寡欢，不仅不喜欢出去玩，而且连话也不爱说了。

悦悦变成这样，爸爸妈妈看在眼里，疼在心里。不管悦悦做什么，妈妈都会在她身边陪着她，生怕她再出什么意外或者遭到他人的嘲笑。爸爸觉得妈妈这样做属于过度保护，并不利于悦悦的成长，于是就和妈妈商量能够帮助悦悦从阴影中彻底走出来的对策。

在悦悦8岁生日那天，妈妈送给她一件很特别的生日礼物——一只天生跛足的小狗。悦悦打开箱子看见小狗的那一刻，激动得都快哭了，因为她特别想养一条属于自己的小狗。但她马上就发现了小狗的一条腿是跛的，脸上的神色立即由喜转悲：我连自己都照顾不好，该怎样照顾它呢？被放到地上的小狗一直在试图努力地站起来，摔倒了一次又一次，但它始终没有放弃。看到这一幕的悦悦深有感触，这时，妈妈走到悦悦身边对悦悦说："悦悦，你看这只小狗，跌倒了它还是会继续站起来，这就是生命的力量。你知道吗？其实世界上的每一个人都是被上帝咬过一口的苹果，每个人都或多或少有一点缺陷，有缺陷并不要紧，要紧的是人们接下来要怎么选择。张海迪阿姨就是在5岁的时候因病造成高位截瘫，但她以顽强的毅力和恒心与疾病做斗争，而且发奋读书，不仅自修了多国语言，还进行了文学创作，她的作品给无数人带去了希望。悦悦，妈妈希望你能像张海迪阿姨一样，做一个面对困难不低头、积极向上的人。"

听了妈妈的话，悦悦流下了眼泪："我总是怕我这样别人会笑话我，所以我才不愿意走动。"

"傻孩子，你要学会不去在意别人的目光，人生是自己的，路也要自己去走，走得好、走得差跟别人没有关系。你只要记住一点：不管你变成什么样子，也不管你走得好与差，你都是爸爸妈妈最爱的悦悦。"妈妈鼓励着悦悦。

"妈妈，我想带着狗狗去公园里练习走路，您陪我吧！"一年以来，这是悦悦第一次主动提出外出，妈妈心里非常激动。

　　父母爱孩子，不是要成为孩子时时刻刻的守护者，而是要让孩子充满生命的力量，鼓励孩子敢于奋力前行。面对意外致残的悦悦，妈妈时刻的守护并没有让悦悦从阴影中走出来，幸好爸爸及时提醒，告诉妈妈对悦悦的照顾要适度，否则很难培养她的自信心和自立能力。妈妈以一只跛足的小狗为桥梁，与悦悦开启了针对缺陷的亲子沟通，让悦悦解开了心结，学会了勇敢面对人生。

　　每一个身患残疾的孩子，情况不同，程度也不相同，但在心理特点上总有一点共性，比如自尊心强、依赖心理严重、容易自卑等。父母可以通过及时的沟通，帮助孩子养成稳定和健康的心理。

　　首先，父母要教育孩子正视现实，正确对待自己的缺陷，告诉孩子"你就是我的一切，无论你有什么样的缺陷，都是我的好孩子"，让孩子感受到父母的爱和关怀。其次，父母可以多给孩子讲讲残疾人走向成功的励志故事，最大限度地减少孩子的依赖心理，让孩子主动学会自立自强。生活是多方面的，某一方面的缺陷并不能阻挡孩子在其他方面的成功，父母还要努力挖掘孩子身上的闪光点，激发出孩子的成功欲，鼓励孩子追求成功，创造奇迹。需要注意的是，父母要遵守适度的原则，对残疾的孩子要求过高，会对孩子造成更大的打击。

# 留守儿童："爸爸妈妈都想给你更好的生活"

由于生活的压力，二三线城镇的很多人都选择到大城市打工，以赚取较多的生活资本。二三线城镇的人们尚且如此，就更不用说偏远山区的人们了。如此一来，就会有很多留守儿童和爷爷奶奶或是哥哥姐姐待在家中，常年没有父母的陪伴。在留守儿童、流动儿童面临的社会问题与法律对策研讨会上，有关人士说过，关于我国留守儿童的规模一直说法不一，有的说法是6100万，也有的说法是6800万。6000多万的留守儿童，加上3600多万的流动未成年人，总数在1亿左右，大约占了全国3亿未成年人的1/3。也就是说，我国每3个未成年人中就有1个处于留守或流动状态。

在缺少父母陪伴的状态下成长起来的孩子大多属于内向、自卑、敏感的性格，而且有些留守儿童还会有孤独抑郁、自暴自弃、喜欢暴力等不良心理。在生活中没有父母的关爱，在情感上无法与父母交流，是导致留守儿童产生心理问题的主要原因。因此，在外务工的父母一定要与家中的孩子进行固定的沟通，可以通过电话、网络、视频、书信等方式关心、呵护孩子，并且告诉孩子，不管发生什么事情，爸爸妈妈都会和孩子一同分享或分担。在让孩子感受到来自父母的爱和关怀时，也要与孩子分享自己的近况，增强亲子间的了解与沟通。

林溪从3岁起就成了留守儿童，父母常年在外打工，半年才回家一次，平日里他和爷爷一起生活。也许是从小独立的原因，林溪比同龄人要成熟得多，学习成绩也比较优异。

林溪的父母每个月都会给他写信，告诉他父母的生活状况，并鼓励他好好学习。林溪也会给父母写信，向父母诉说自己的心事和思念。这样的书信往来，从他上小学一年级开始，一直持续到现在——他升入初中。这次，林溪将他的获奖作文寄给了父母，原文内容如下：

### 孤独，也能让人成长

孤独，并不只有奔波在外的人有，我们孩子也会有这种痛苦的感觉。升入初中后，我没有适应新的学习环境，成绩一下子退步了，每天都无精打采，但也没有什么人可以倾诉……父母每半年才回家一次，所以成绩不好，我只能自己默默地流泪，没有人给我鼓励。

在去学校的路上，看见许多孩子都有父母接送，我不由得难受起来，心像被针扎了一样疼；考试前后，同学们都在说父母鼓励自己、批评自己的话题，而我却只能在一旁默默地羡慕。班级里，我还没有多少朋友，只有书和本子是我最好的朋友。书在我无聊的时候可以看看，本子在我郁闷的时候可以在上面写写画画。

为了提高成绩，我只有付出更多的汗水与力气才行。"困难的事情做了，就会变得容易"，这是我学到的一句我认为很棒的话。虽然孤独，但我还是会给自己打气，鼓励自己要坚持到最后，因为我不想让别人以为孤独的人那么软弱。随着自己日复一日的积累，我的学习成绩越来越好了。

看到好成绩，我的眼眶不禁湿润了。我好想对与我一样孤独，或者比我更孤独的人说，请不要放弃，要坚持，不能那么轻易就被孤独打败了。我们这些从深山中走出来的人，要比那些在城市里待惯了的人，坚强一百倍！虽然现实给了我们孤独，但同时也给了我们坚强的内心！

收到这封信后，林溪的妈妈也给林溪写了一封回信，原文如下：

林溪：

　　看了你的作文，妈很开心，也很失落。开心的是，儿子写出了好作文，失落的是，妈妈在你需要人叮嘱、鼓励、帮助的时候却不在你身边。

　　林溪，很多时候，妈也不知道该怎么办，不知道出来打工是不是对的，也不知道要不要继续干下去。妈也很困惑，因为妈也想陪在你身边。我之所以在坚持，是因为回家以后，剩下你爸一个人他会更辛苦。如果我们都回去了，就没有收入了。没有了经济来源，你的学费该怎么办呢？

　　妈就是想让你好好读书，有朝一日能从那个山沟沟里走出来，来大城市里学习、生活。所以，林溪，你要继续加油，坚强一点，再坚强一点！你的学习进步就是我和你爸干活时最大的动力。

　　好好照顾自己和爷爷的身体，钱不够了跟妈说，妈好给你寄过去。

妈妈

　　不管父母身处何方，只要能让孩子感受到来自父母的爱，孩子就会成长得很好。对于留守儿童，父母虽然不能时刻陪伴在他们身边，但可以通过书信或是电话的方式把爱传递给孩子，就像上文中林溪的妈妈一样，让孩子懂得父母是爱他的，不在他身边的原因就是为了能给他更好的生活，能让他长大后遇见更广阔的世界。书信、视频是父母与家中孩子沟通的桥梁，借此沟通彼此之间的思念之情，能促进留守儿童的身心健康。

##  性早熟：用聊天的方式帮孩子抵制不良诱惑

　　由于自古以来讲究"男女授受不亲"，人们对于性的问题往往避而不谈，父母对于子女更是能不谈起就不谈起，不得不谈起时往往也是"顾左右而言他"。然而，性却是每一个孩子在成长过程中不得不面临的问题。现在的孩子身体发育越来越超前，身体和思想的变化速度都远远超过了我们这一辈人，他们很容易就对性产生好奇心理，诸如"我从哪里来""为什么我是男孩（女孩）""男孩和女孩有什么不同"等。相信，曾经同为孩童的我们，也有着同样的困惑。我们的父母没能给予我们很好的解答，难道我们还要让自己的孩子在同样的困惑中成长吗？

　　在网络普及的今天，孩子能接触到的信息越来越多，所以说，如果父母没有及时地解答孩子关于性的问题，那么孩子就很有可能通过网络等渠道来自寻答案。网络的知识量丰富，视野开阔，但同时网络上也存在着一些不良诱惑。可想而知，孩子难免会受其影响，从而影响身心健康发展。所以，父母不能因为忙碌或难以开口等，就忽略了和孩子在性方面的沟通和交流。在这里，父母需要注意解释和指导的方式或方法等问题，要采用孩子易于接受的方式或方法，才能事半功倍。此外，父母一定要坦诚、郑重地给孩子讲解，与孩子交换意见，因为真诚的关怀是孩子最迫切需要的。

男孩木一升入初中后与女生佳琪成了同桌。佳琪学习成绩优异，担任班长和语文课代表的双重职务，而木一也是学习与体育兼优的好学生。他们每天一起上课、游戏。渐渐地，木一发现自己好像喜欢上佳琪了。

木一想知道佳琪对他是否拥有同样的感觉，就上网查询"如何判断你喜欢的女生喜不喜欢你"，一不小心点开了一个奇怪的网页。他隐约觉得这些内容是不健康的，但是强烈的好奇心又驱使着他继续看下去。受观看内容的影响，第二天，木一向佳琪表达了自己的感情，希望她做自己的女朋友，但佳琪委婉地拒绝了他，并让老师将他们的座位调开了。遭受所爱之人的拒绝，木一想到的不是请教父母或老师，而是上网浏览之前的不良网站。

后来，爸爸在使用电脑时发现浏览记录中竟然有大量的不良网址，于是便生气地问木一："你为什么要浏览不健康的东西？难道你不知道这是不对的吗？"

"我也不知道这到底是对还是不对……"木一吞吞吐吐地说。

"你不知道那我来告诉你，你是未成年人，不应该看这些东西。"刚说完，爸爸便意识到自己从没有跟孩子谈过这方面的事情，也是自身的失职，于是又说，"木一，你是不是有了喜欢的女生了？"

"嗯。"木一点了点头。

"爸爸能理解你，不骗你，爸爸像你这样大，也就是十二三岁的时候也有喜欢的人，这是很正常的事情，要是发现不了异性的美那才是不正常的呢！爱情和初恋都是很美好的事情，你不要因此觉得羞涩或是有罪恶感，因为这是人之常情。但是你现在还小，那些不良网站里有很多内容是不适合你看的，看了这些以后不利于你的身心健康，而爸爸希望你成长为一个青春、阳光、活力的少年，也只有这样，你才能配得上你喜欢的女孩子，不是吗？"

"知道了，我以后不会再看了。"木一允诺，并问爸爸，"那您像我这么大的时候喜欢的人是我妈妈吗？您又是怎么追上她的？"

爸爸一边向木一追忆往事，一边给木一讲解关于性的知识。性的话匣子在父子俩之间打开了。

当发现孩子浏览不良网站时，父母应该心平气和地和孩子讲道理，用聊天的形式逐渐引导孩子远离不良诱惑。孩子在感受到父母的尊重与关心后，就会将心中的困惑说给父母听，并配合父母，抵制不良诱惑的毒害。

我国的大多数父母目前还是"谈性色变"，不愿意主动和孩子谈起这个话题。其实，父母把一些适合孩子年龄段的性知识逐渐教给他们，他们便不会对性产生好奇心理。与孩子谈论性时，父母会有很难开口的感觉也是正常的，因此应该做到以下几点。

### 1. 尽早教给孩子性知识

在孩子很小的时候，就与他们谈论有关性的问题。就像教给孩子眼睛、鼻子的部位一样，父母也可以利用人体结构画册将性部位和性知识准确地告诉孩子，这些对于年幼的孩子来说并不难懂。当孩子小时候就熟悉这些术语，等他们长大后遇到这方面的问题，你就会发现孩子早点知道的好处了。

### 2. 不嘲笑也不回避

孩子幼稚的性认识是很容易引人大笑的，但父母应尽量克制自己的情绪，让孩子感到父母在认真倾听他们的观点。当面对孩子有关性的提问时，父母一定要给予正面回答，同时要做到简明扼要，直接陈述正确的性知识。如果孩子感到不满意，再与他们进行下一步的讨论，直至将他们心中的疑虑完全消除。在此，需要提醒各位家长，一定要随着孩子年龄的逐渐成长，对孩子进行更加具体和深入的性教育。

## 离异："你永远是爸妈最爱的宝贝"

当代社会，离异已不再是新奇的话题。夫妻双方感情破裂，难以继续共同生活下去时，离异不失为开启新生活的一种方式。对于有孩子的家庭来说，父母离异必然会给孩子造成一定的影响。一般来说，父母离异前后，孩子都会产生内疚感、不安全感、自卑心理、补偿心理和逆反心理等心理变化。

那么，父母应该如何与孩子谈论离异这一话题以减少对孩子的伤害呢？父母最好以诚实、直接的方式告诉孩子即将成为现实的离异决定，不要有所隐瞒、欺骗，因为闭口不谈和不表露真实的情况才是对孩子最大的伤害。在与孩子沟通离异的决定时，一定不能少了"你永远是爸爸妈妈最爱的宝贝，我们会依然爱你"这句话，因为孩子最需要父母的认可和爱。

他们婚姻的结束就像许多婚姻一样——以一种静悄悄的、别人很难注意到的方式结束了。一天晚上，在睡觉前，妻子陈芳坐在丈夫魏政身边告诉他："我们离婚吧，我不想再继续下去了。这么多年了，你家人对我的态度实在让我难以忍受。"

魏政呆呆地坐着，他知道他们的感情还在，但双方家庭的纠纷乱得让人喘不过气来。"也好，离婚吧，离了婚我们会轻松一些。你们娘俩住在这，我出去住。"

"爸爸要去哪里呀？"6岁的女儿贝儿走过来问。

魏政一把抱起贝儿："爸爸要出去一段时间，但是爸爸会按时给你打电话，按时看你的。"说着，魏政的眼泪在眼眶里打转，他努力控制住自己，不让自己的情绪失控。

陈芳对贝儿说："贝儿，爸爸妈妈决定离婚。也就是说，以后爸爸妈妈不能同时和你在一起了，你能懂吗？"

"你们为什么不在一起了？我想要你们在一起。"贝儿嘟着嘴说。

"因为妈妈和爸爸生活在一起很不幸福，所以我们想要结束这样难过的状态，贝儿你能理解吗？"

也许小贝儿意识到问题的严重性了，因此她理智地问："你们要是离婚了，那我要跟谁在一起？"

幸运的是，他们夫妻二人已经对这个问题做好了准备，让贝儿跟着妈妈生活，爸爸会支付贝儿的生活费直到她成年。"你和妈妈在一起，但是你放心，爸爸会常来看你的。"魏政抢在陈芳之前对贝儿说。

"那爸爸还会爱我吗？还会我陪我读书、教我打球吗？"贝儿担心地问。

"贝儿你放心，爸爸会永远爱你的，爸爸会陪你做你想做的所有事情。"魏政说完之后，陈芳也对贝儿说："妈妈也是，妈妈也会永远爱你的。爸爸妈妈虽然不在一起，但我们还是会爱你的，就像之前一样。"

与孩子谈论离异是一个很棘手的话题，这没有什么最佳方式，只能根据你个人的情况和孩子的年龄进行交谈。离异虽然是夫妻两人的事，但教育孩子同样也是两人的事，所以离异前后一定要与孩子进行及时的沟通，尽量让孩子明白父母离异是怎么回事。在此，父母可以寻找恰当的时机，采用平和的语气将事实如实地告诉孩子，并关注孩子的感受，为减轻孩子的痛苦和伤害尽最大努力。

下面，为家长总结了不同年龄段的孩子在父母离异前后可能出现的反应及家长的应对措施。

### 1. 关于离异，3~5岁孩子的反应及家长对策

这个阶段的孩子还难以理解父母离异决定的复杂性，其中很多孩子会把自己的某些过错看成是引起父母关系变化的原因。他们可能会想："如果我能乖一点，爸爸妈妈就不会分开了。"由此，他们会产生严重的自责和内疚心理。

还有一些孩子会在父母离异前后表现得恐惧和不安，尤其是当父母各自陷入复杂的感情和法律纠纷中时，他们会因为自己被忽略了而产生不安全感，产生比如"谁会要我""谁还会爱我"这样的疑问。这种不安全感，会使孩子处于感情脆弱、经不起打击的状态，在他们身上，还可能会重新出现吮吸手指、尿床、哭泣、发脾气等回退行为。

父母离异之所以会给孩子带来心理上的伤害，真正的原因是孩子无法表达自己的感受，他们的疑惑、愤怒、恐惧和不安得不到宣泄。所以，有离异打算的父母一定要对孩子表现出你的耐心和你对孩子的关爱，让孩子的不良情绪自由地发泄出来。同时，父母要鼓励孩子多谈谈他的感受，并从中洞察孩子的内心在想什么，认同孩子的感受并给予孩子足够多的安全感。

### 2. 关于离异，6~12岁孩子的反应及家长对策

这个阶段的孩子能比较清楚地了解父母离异意味着什么，同时，他

们可能会以多种形式来表达他们心理上所承受的伤害：身体不适，无法入睡，噩梦连连，大发脾气，精神萎靡……这个年龄段的孩子对很多事情都已经有了自己的理解，他们很可能会有"离异是错误的，难堪的"这种想法，从而变得忧郁或是暴躁，这都是孩子正常的心理防御，以避免痛苦和悲伤。

　　在面对这个阶段的孩子时，父母所做的就是要接纳孩子的情绪，并主动向孩子敞开心扉，要让孩子知道离异是父母的原因。在此提醒一点，只需简单地将"夫妻双方在一起生活不幸福"这一点告诉孩子就可以了，没必要将感情破裂、挥霍财产、不良嗜好等离异原因详细地讲给孩子听。孩子毕竟是孩子，他们没有那么强大的接受能力。父母还要让孩子知道，父母离异的决定不是仓促间做出的，而是经过慎重而长久的考虑，让孩子明白婚姻不是儿戏，离异也不是随随便便的事情。最重要的是要向孩子保证：父母离异与父母对他的爱没有任何关系，父母会一直爱他、保护他。

## 死亡：不同年龄段，采用不同方法解释

死亡是中国人不太愿意面对和开启的话题，更不愿意在孩子面前提及。因为亲人的去世会给家庭中的每一个成员带去哀伤，尤其是心智尚未健全、人格尚未定型的孩子。但当这一刻来临的时候，家长们应该怎样对孩子解释死亡呢？

面对死亡，很多父母喜欢用善意的谎言来掩盖事实，比如，用"去很远的地方旅行了"或"睡着了"来替代死亡的说法，父母以为用这种应对方式可以将孩子保护在没有伤痛的世界里。心理学家认为，这不是一种恰当的做法，因为孩子长大以后很可能难以面对人生真实的一面。而且，时间一久，孩子会对死者抱怨"怎么去那么久还不回来"或者"怎么睡那么久还不醒"等，甚至会因此产生对死者的怨恨情绪。

其实，在和孩子谈论死亡时，比较恰当的做法就是坦诚地向孩子说明事实真相，如实地回答孩子的问题，与此同时，不要隐藏自己悲伤的情绪，并鼓励孩子朝着正确的方向发泄情绪。当然，对孩子解释死亡，不能生硬地用成人的方式。因为各个年龄段的孩子的认知水平有很大差异，他们对死亡有着不同的理解，所以，在对孩子解释死亡时，要根据孩子的认

知、性格及情绪的发展有所调整。

### 1. 对于3岁以下的孩子

3岁以下的孩子还不能完全理解死亡的含义，特别是死亡的不可抗拒性和普遍性。所以最好的方式就是告诉他"这个人不见了"，可以用打比方的方式对孩子说，就像秋天的落叶、枯萎的花朵和一动不动的金鱼一样，他"不见了"，以浅显的方式让孩子明白死亡的自然性。

### 2. 对于3~6岁的孩子

3~6岁的孩子一般会明白死亡的后果，但他们还难以表现出哀悼亲人的行为，因为他们难以经受沉痛的悲伤与愤怒。这也是他们最初否认并回避亲人逝世的消息的原因。

如果你的孩子没有表现出悲伤，或者装作若无其事的样子，你要帮助他们去面对被压抑的感情。例如，在父亲死后，孩子说："爸爸呢？我想爸爸了。"这就是一个帮助孩子面对现实的机会。你可以说："我知道你很想爸爸，但是他已经去世了。"接下来，你要让孩子相信你会一直陪着他并一直爱着他："但是妈妈还在，妈妈会一直陪着你，直到你健康长大。"

一般来说，只有当孩子感到他们需要照顾与保护的要求得到满足时，才开始表现出悲伤。大人在这时候会发现，年幼的孩子需要少量地体验悲伤，这也是他们一会儿哭、一会儿又想去玩的原因——他们的悲伤时间比较短。

### 3. 对于6~9岁的孩子

6~9岁的孩子基本上已经知道死亡是不可逆和不可避免的。家长可以向这个阶段的孩子讲一些具体的死亡概念，比如，"人死了，就没有生命特征了，心脏不跳动了，也不呼吸了"。这个阶段的孩子会在较长的时间里因为亲人的去世而感到悲伤，并且也能把心里的悲伤说出来。但他们也需要大人来帮助他们控制痛苦的情绪。

在帮助孩子处理亲人去世的问题上，大人所能做的最佳事情，就是帮助他们面对并接受亲人的死亡。如果孩子想哭，就鼓励他们哭，也要鼓励他们谈谈自己的思想与感情，这会帮他们把内心的痛苦发泄出来。

### 4. 对于9~12岁的孩子

该年龄段的孩子已经明白什么是死亡。你可以以成人的方式和他们交谈死亡的话题，向他们解释死亡是自然生活中的一部分，还要向他们传达自己哀伤的感情，用抚摸、拥抱等方式来表明自己很关心他们的感受，并鼓励孩子勇敢地面对现实。

"死亡是什么？""死亡以后会去哪？""死亡以后还会回来吗？"……关于死亡，当家长遇到孩子的相关提问时，需要注意以下两点。

### 1. 认真倾听孩子的提问

亲人去世后，家长要比平时更关注孩子的情绪和行为，更关心孩子的生活及日常。不要让孩子压抑自己的情绪，家长需要给孩子无条件的积极关注，设身处地体会孩子的感受，帮助孩子说出心中的感受。面对孩子的提问，家长可以用反问的方法，如"你说呢""你认为人死后会去哪里呢""你认为人死以后还会不会回来"等。在提问后，只要家长认真倾听，就会了解孩子的真正目的，从而针对这一目的，给孩子一个满意的答复，满足孩子的求知欲望。

### 2. 不要因为自己内心的恐惧和避讳，而不与孩子谈论这个话题

不要回避与孩子谈论去世的亲人，也不要迅速将去世的亲人的痕迹从家中抹掉，以期尽快忘却这段伤心事。孩子虽小，但他能感受到家人在避免与他谈论这个话题，而这正是令他感到不安的地方。其实，对于孩子来说，离世的亲人仍有积极的影响力。家长应该让孩子知道事情的真相，解除孩子心中的疑虑，还应与孩子一起纪念故去的亲人，让孩子从容地接受亲人去世的事实。这样孩子越早从哀伤的情绪中走出来，就越能够坚强地开启新的生活。